西樵歷史文化文獻叢書

算迪（二）

（清）何夢瑶 編著

广西师范大学出版社
GUANGXI NORMAL UNIVERSITY PRESS
· 桂林 ·

算迪卷三之下　　　　嶺南遺書

南海　何夢瑶　報之撰

曲線面

㈠員徑求周用周徑定率比例以定率徑數一○○○○○○○○爲首率周數三一四一五九二六五爲二率或用一一三爲一率三五五爲二率或用七爲一率二二爲二率今所設徑爲三率求得四率爲今周

㈡員周求徑照上條而轉用之以二率爲一率一率爲二率四率爲三率三率爲四率

㈢員徑求積一法求得周周徑各折半相乘得積若全周全徑相乘則四歸得積　又法用方員同根異積定

率比例以定率方積一○○○○○○○○。爲一率。員積。○七八五三九八一六。爲一率。今設員徑（卽方邊。）自乘爲三率。求得四率爲今積。又法。用方員同積異根定率比例以定率員徑一○○○○○○○○。爲一率。方邊。○八八六二二六九二。爲二率。今設員徑爲三率。求得四率。爲與員等積之方邊。自乘得積。

又法。以方周四五二（謂方邊與員徑同爲一一三。方邊有四。共得四五二也。）爲一率。員周三五五爲二率。今員徑（卽方邊。）爲三率。求得四率。乘員徑得積。（或用今員徑自乘爲三率。求得四率。卽今積。）

㊃員周求積。一法求得徑。周徑各折半相乘得積。一法。以員周一。自乘方積一○○○○○○○。爲一

率。員周一百尺。自乘得平方一萬尺是也。員實積。○○七九五七七四七。為二率。員周一百尺。自乘得平方一萬尺。實得七百九十五尺七七四七也。以今周自乘為三率。求得四率。即今積。古法周自乘者用十二除之蓋依徑一周三立算。其實得七九五七七四七也。

(五)員積求徑用方員同根異積定率比例。以定率員積一○○○○○○○為一率。方積一二七三二三九五四為二率。今設積為三率。求得四率。為與員同根之方積。開方得方根。即為員徑。 又法用同積異根定率比例。以定率方邊一○○○○○○○○為一率。員徑一一二八三七九一六為二率。第三條方邊八八六二二六九二。則員徑為一○○○○○○○○。若方邊為一○○○○○○○○。則員徑為一一二八三七九一六。今設積開方得數爲三率。求得四率爲員徑矣。

又法。用員周三五五爲一率。方周四五二爲二率。今積爲三率。求得四率。開方得徑。法爲周比周。若積比積也。觀上第三條未可明。

㈥員積求周。　依上條法求出徑。卽得周。　又法。用員周求積條法反之。以員實積。一〇〇〇〇〇〇〇〇爲一率。周自乘方積一二五六六三七〇六二。爲二率。蓋員實積〇〇七九五七七四七。則周自乘方積爲一〇〇〇〇〇〇〇〇。若員實積爲〇一〇〇〇〇〇〇〇〇。則周自乘方積爲一二五六六三七〇六二矣。今積爲三率。求得四率。以開平方法開之。得數卽周也。

㈦撱員求積。　法以大徑甲乙與小徑丙丁相乘。成長方。乃用方員同根異積定率比例以定率方積一○○○○○○○○爲一率員積○七八五三九八一六爲二率今大小徑所乘之長方積爲三率求得四率卽撱員積也蓋員積與撱員積之比同於容員正方與容撱員長方之比見幾何原本八卷第十二節則正方形與所容員之比亦必同於長方形與所容撱員之比也

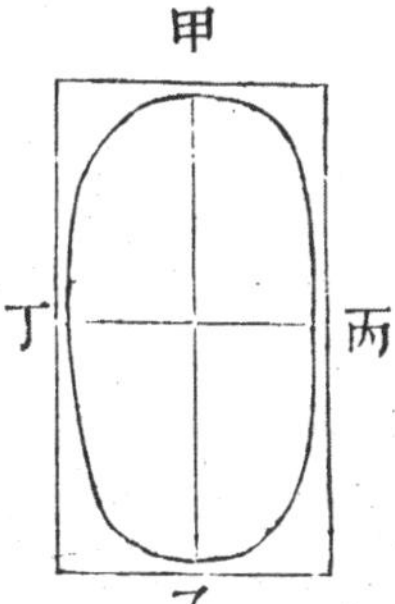

⑧撱員積及大徑求小徑　法用方員同根異積定率比例以定率員積一○○○○○○○○爲一率方積一二七三二三九五四爲二率今設積爲三率求得

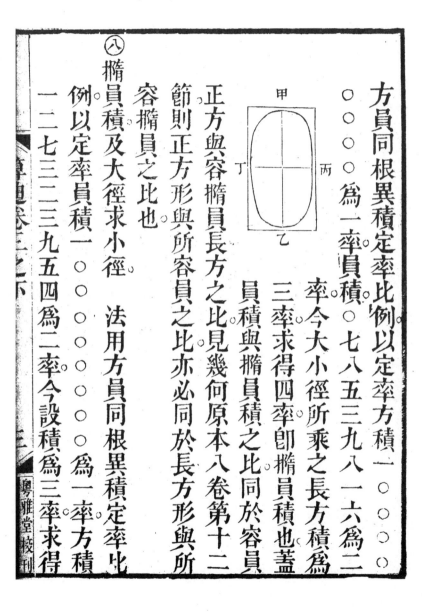

四率爲長方積以大徑除之得小徑

⑨環形內外周併闊求積　法併內外周折半乘闊得積

蓋凡圓形半徑（戊乙）與句股形之句（己戊）等其外周與句股形之股（庚己）等則圓與句股積等如下圖戊己庚大句股形與甲乙大圓等積戊丑辛小句股形與丙丁小圓等積（戊丁半徑與戊丑句等丙丁外周與丑辛股等）於甲乙大圓積內減丙丁小圓積猶之於戊己庚大句股積內減戊丑辛小句股積也所餘爲己庚辛丑形應將癸庚寅移補寅壬辛成

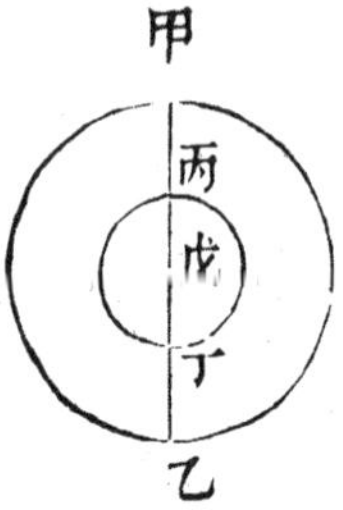

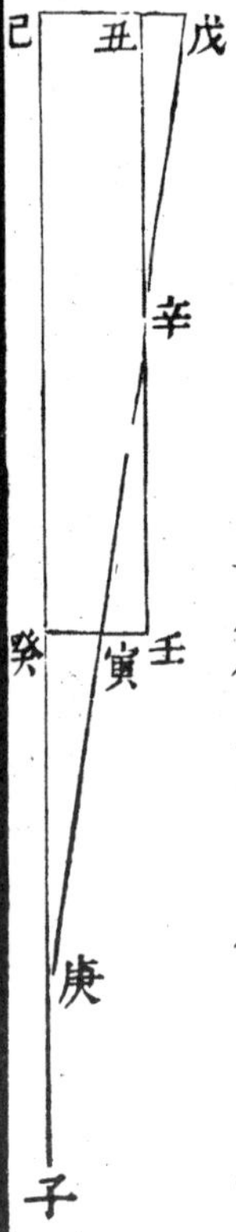

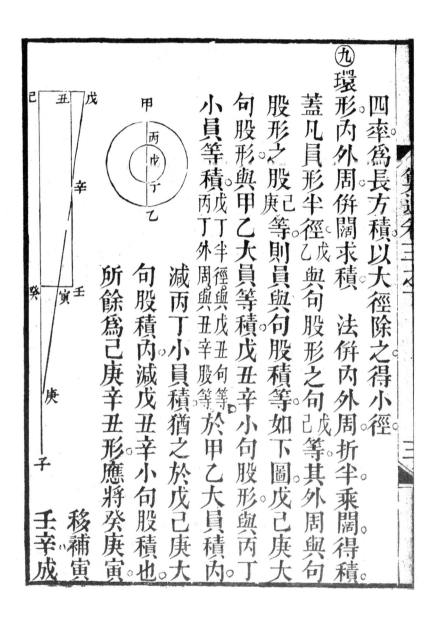

己癸丑壬長方形其積與環形等故併內外周折半如將丑辛變爲庚子與己庚相加而折半於癸以與己丑卽甲丙丁乙也相乘得積也

⑩環形內外徑求積　法以外徑甲乙求得外周以內徑丙丁求得內周又以二徑相減於甲乙內減丙丁餘甲丙丁乙折半得丁乙爲闊依上條法算之　又法以二徑各自乘相減餘爲方環積乃用方員積定率比例以定率方積一○○○○○○○○爲一率員積○七八五三九八一六爲二率今所得之方環積爲三率求得四率卽員環形積也

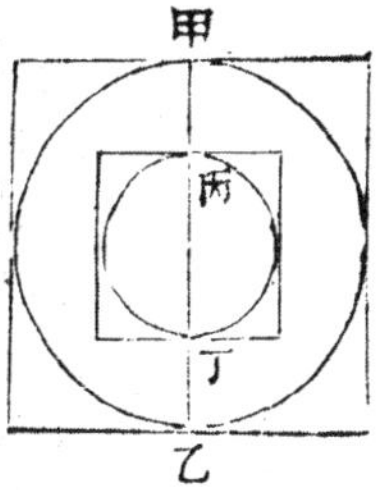

⑪環形內外周求積。法以各周求各徑。而以兩徑相減餘折半爲闊。依前法算之。又法內外周各自乘相減餘爲三率。乃用員周自乘方積一〇〇〇〇〇〇〇〇爲一率。員積〇〇七九五七七四七爲二率。求得四率。即環形積。

⑫環積及闊。求內外徑。法以闊丁乙除積。得中周戊己圈。乃內外周折半之數求得中周之徑戊己。若加闊丁乙。猶之加甲戊己乙。甲戊與戊丙丁己與己乙皆等。故加丁乙。即如加甲戊與己乙也。即外徑甲乙。若減闊丁乙。猶之減戊丙丁己。即內徑丙丁也。又法用方員積定率比例以定率員積一〇

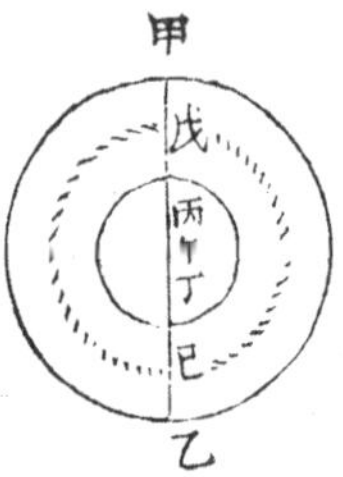

○○○○○○○爲一率方積一二七三二三九五
四爲二率今員環積爲三率求得四率爲方環積於
是照直線篇第十四條法以闊自乘四因之於方環
積內減去餘數四歸之爲實以闊爲法除之得內徑
加兩个闊數得外徑

㈩三環積與闊求內外周　法以闊除積得中周又用徑求
周法以徑數一○○○○○○○○爲一率周數三
一四一五九二六五爲二率闊爲三率求得四率辛
丑爲內外周減餘折半之數名半較以加中周得外
周若以減中周則得內周如下圖己庚卽上圖午乙
半徑庚辛卽上圖甲乙外周己庚辛句股形積與上

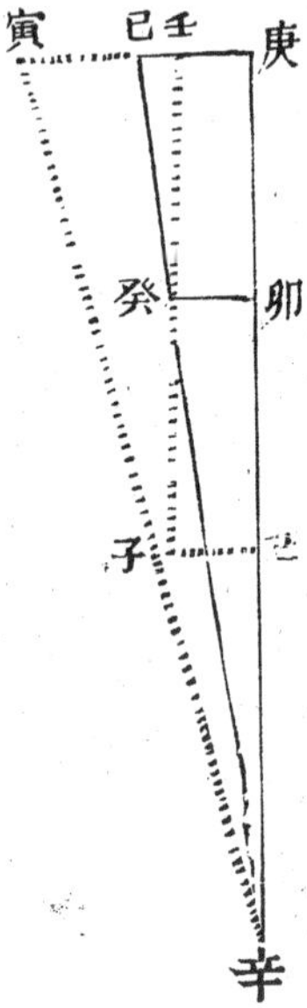

甲乙大圓積等。以此例之。則己壬癸小句股積。亦必與上圖丙丁小員積等。說詳上第九條。兩句股積相減。所餘庚辛壬癸形積。改爲庚丑壬子長方形積。卽環形積也。故以壬庚。卽丁乙闊。除之。得庚丑。爲內外周倂折之戊己中周。又倍己庚。卽上圖之午下半徑。爲庚寅全徑。與全周庚辛相比。同於上圖丁乙闊。卽子丑與辛丑之比。蓋丁乙爲內外徑相減折半之餘。辛丑爲內外周相減折半之餘。爲相當比例四率也。既得辛丑與丑卯等。卽庚辛外周大於庚丑中周之較。亦卽壬癸內周

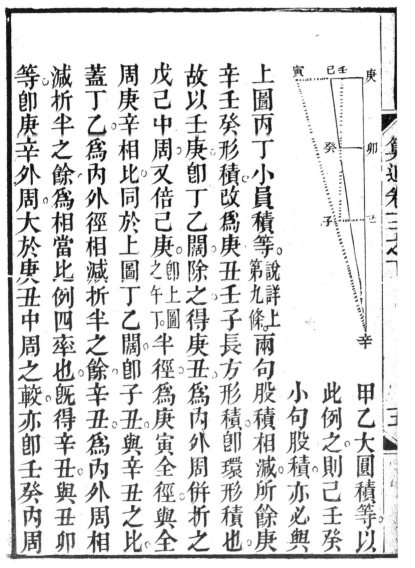

小於庚丑中周之較也

⑭環積有內周求外周及闊　法以內周求出內徑又求出內積與環積相加得外周大員積乃用方員積定率比例以定率員積一〇〇〇〇〇〇〇〇爲一率方積一二七三二三九五四爲二率今所得外周大員積爲三率求得四率爲外徑自乘方積開方得外徑減去內徑折半得闊又用徑求周法得周

⑮環積有外周求內周及闊　法倣上條改相加爲相減

⑯員徑截弧矢形有矢求弦　法以矢爲首率徑矢相減餘爲末率首末率相乘卽中率自乘數也開方得中率爲半弦倍之爲全弦　又法用半徑爲弦又以半

徑減矢餘爲句。句弦求得股。倍之卽所求。

⑰員徑截弧矢有弦求矢　法以半弦戊丁爲中率自乘爲長方積。中率自乘本正方積。因其積與首末二率相乘積等。故又爲長方積。以全徑爲長闊和。用帶縱和數開方法算之得矢。　又法半徑丁辛爲弦。半弧弦戊丁爲股。求得戊辛句。以減甲辛半徑。餘爲戊甲矢。若以全徑爲弦。全弧弦爲股。求得句。以減全徑。餘析半爲矢。如圖丁庚全徑爲

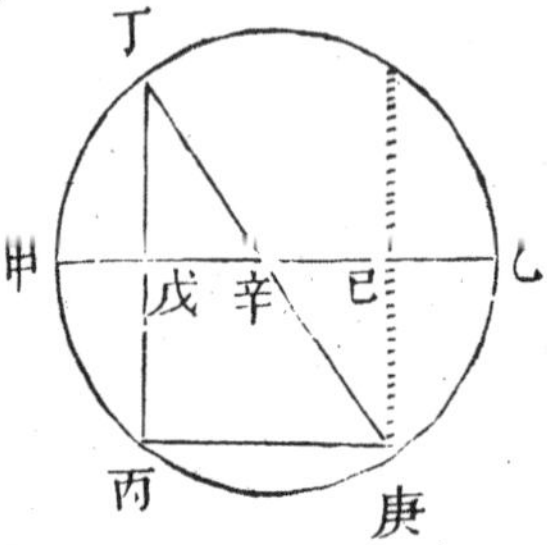

弦。丁丙弧弦爲股。求得庚丙句。卽戊己。於甲乙徑減之。餘甲戊乙己。析半得甲戊矢也。

⑱弧矢求員徑　法以半弧弦爲中率自乘。以矢除之。得

數加矢爲員徑

（九）弧矢形求積　先用上條法求出員徑乙己以員徑折半得乙戊爲一率弧弦甲丙折半得甲丁爲二率半徑全數十萬爲三率求得四率正弦數法爲設半徑比設正弦若撿定率半徑比定率正弦也表得甲乙弧度倍之爲甲丙全弧度求出若干尺寸與半徑相乘折

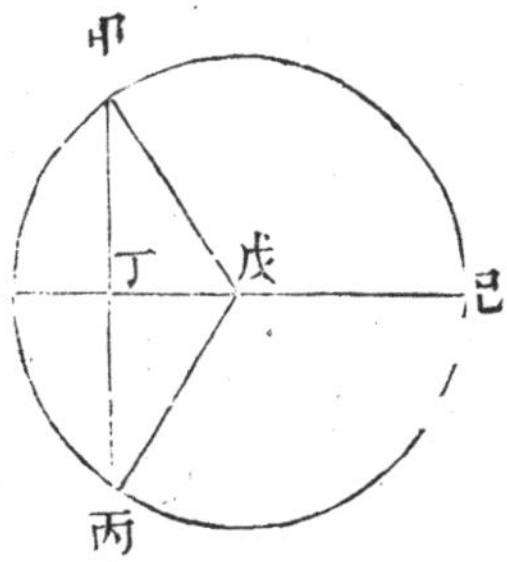

半得甲乙丙戊形積又以戊乙半徑減乙丁矢餘戊丁與甲丙弧弦相乘折半得甲丙戊形積於甲乙丙戊形積內減去餘爲甲乙丙弧矢積也

（十）員截弧矢形有弧度尺寸求員徑及弦矢借上圖　法以

弧甲丙度爲一率。全員三百六十度爲二率。弧背自甲至丙尺寸爲三率。求出四率爲全員外周尺寸。得周而徑可知。　乃以半徑十萬爲一率。撿表取半弧度之正弦。倍之得全弧度之通弦。爲二率。設員半徑戊乙爲三率。求出四率甲丙。卽弧弦。得弦而矢可知。

(二十一)員截弧矢對員心作斜矢分全弦爲大小二段。問員徑。

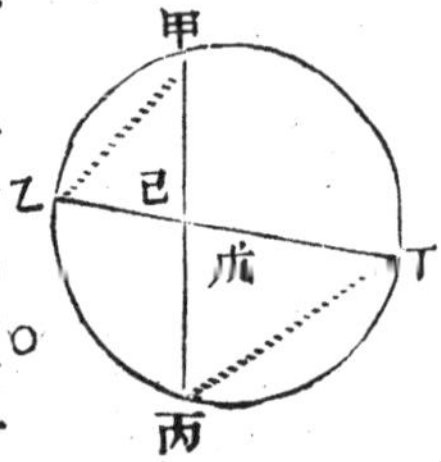

如圖。甲乙丙弧矢形。對員心戊作乙己斜矢。凡矢必與弦爲十字。今矢與弦相遇成鋭角。故名之爲斜。分甲丙弦爲甲己一小段。己丙一大段。法以斜矢乙己爲一率。甲己小段爲二率。己丙大段爲三率。求得四率己丁。以加乙己得員全

徑。蓋甲己乙與丁己丙爲同式三角形。乙角丙角竝對甲丁弧。甲角丁角竝對乙丙弧。兩己角爲對角。故曰同式。故其比例同也。

（十三）員截弧矢作一偏矢。分全弦爲大小二段。問員徑。

如圖乙甲丁弧矢形。作甲戊偏矢。凡矢必居弦之正中。今不正中。故曰偏。分乙丁弦爲乙戊一小段。戊丁一大段。法以偏矢甲戊爲一率。乙甲戊小句股之句。乙戊小段爲二率。乙甲戊小句股之股。戊丁大段爲三率。丙丁戊大句股之句。求得四率戊丙。大句股之股。加偏矢甲戊成甲丙爲股。又以乙戊小段與戊丁大段相減。餘戊己卽甲庚爲句。求得丙庚弦。卽員徑也。

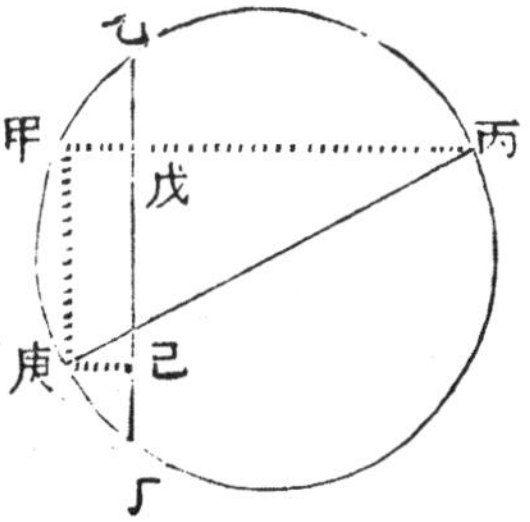

（三十三）一大員容四小員以大員徑求小員徑　法以己庚大徑自乘倍之開方得己辛壬庚對角斜綫（詳直綫形首兩條）內減大員徑餘卽小員徑　如圖己甲庚等句股形凡四各容一小員而句股容員法以句股和與弦相減餘爲容員徑（見句股求容員徑條）今己庚大徑卽句股形之形之弦己辛對角斜綫卽句股之和也（己甲如股甲辛卽甲庚如句）故減餘卽小員徑

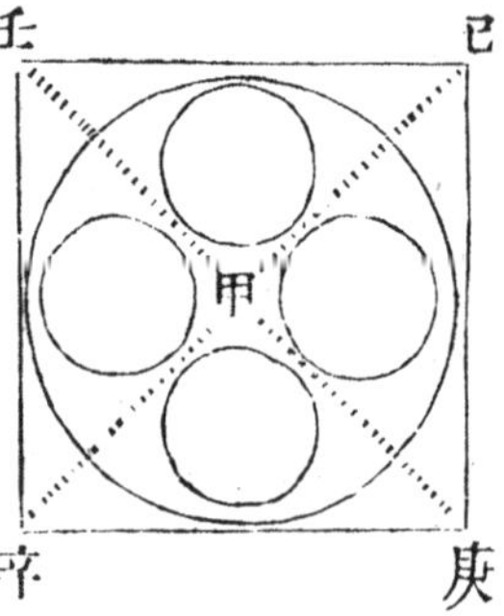

（三十四）一大員容四小員以小員徑求大員徑　法以小徑自乘倍之開方得乙丁對角綫加小徑己乙合丁庚得

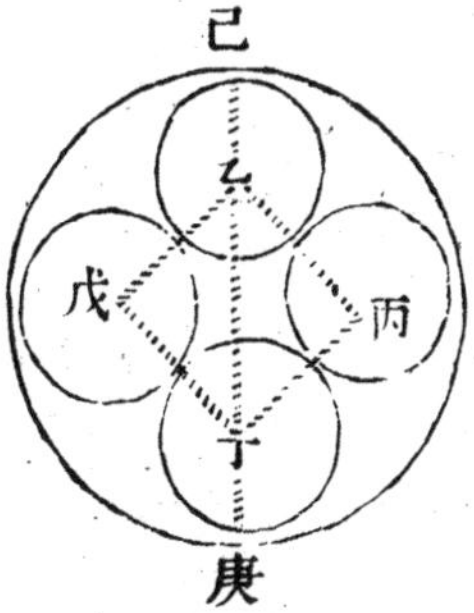

大徑己庚。如圖。於四小員心起作乙丙丁戊正方形。即小徑自乘方也。倍之開得乙丁對角斜綫。加己乙。丁庚。俱小員半徑。合之爲小員全徑。得大員徑。

（三九）一大員。容三小員。以大員徑求小員徑。

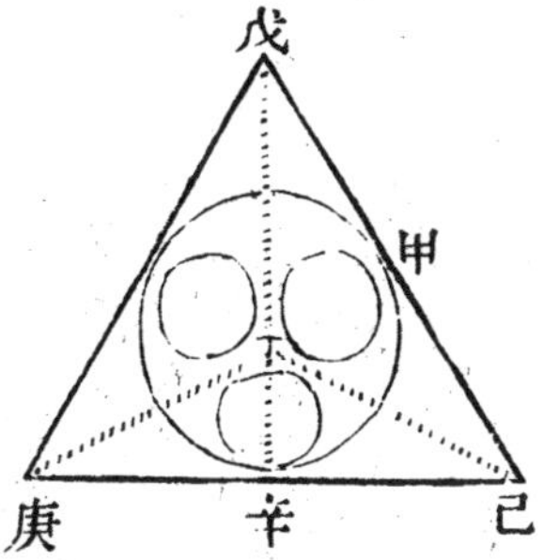

法以大徑。求得外切三角形之每邊。如庚己。求法詳下員外切三邊形求邊條。爲底。以大徑丁庚丁己爲兩腰。戊辛中垂綫。三分減丁辛一分。餘戊丁二分。與大徑等。丁己丁庚同。丁辛爲心垂綫。用三角容員法。求得丁己庚三角所容

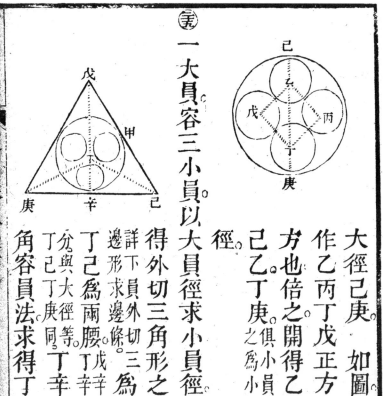

小員半徑○倍之爲全徑○

(廿六)一大員容三小員○以小員徑求大員徑○　法以小徑爲等邊三角形○乙丙丁三角○之一邊○如乙丙○用等邊三角求外切員徑法○求得外切員○乙丙丁員○徑乙戊○加小徑○甲乙合戊己○得大徑○甲己○

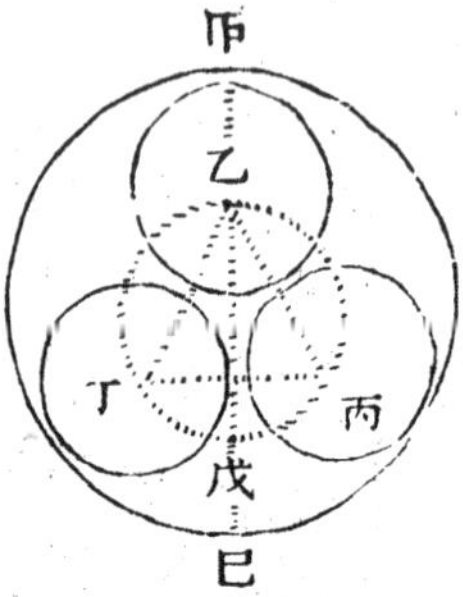

員容各等邊形

(一)員容三等邊形求邊求積

求邊法見六宗○　一法以半徑十萬爲一率○六十度正弦八萬六千六百○三弱爲二率○今設半徑丁己爲三率○求得四率○丙戊○倍之得丙乙邊○　一法用定

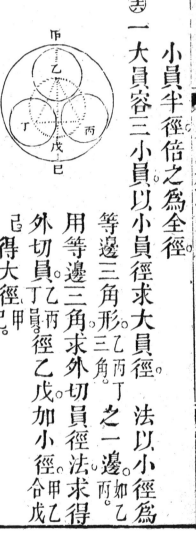

率比例以定率員徑一○○○○○○○○爲一率所容三邊形邊八六六○二五四○爲二率今設徑爲三率求得四率卽今邊

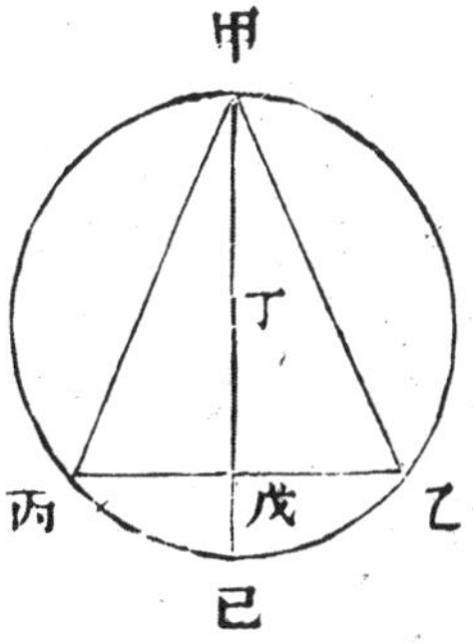

求積法已見三角求積　一法用定率比例以定率員徑自乘方積一○○○○○○○○爲一率所容三等邊形積三二四七五九五三爲二率今設徑自乘積爲三率求得四率卽今積

（二）員容四等邊形求邊求積

求邊見六宗　又法以半徑十萬爲一率四十五度正弦七萬○七百一十一爲二率今設半徑爲三率

求得四率倍之即是。一法用定率比例以定率員徑一○○○○○○○爲一率。所容四等邊形之邊七○七一○六七八爲二率

今設徑爲三率。求得四率爲今邊。得邊而積可知。

一法用定率比例以定率員徑自乘積一○○○○○○○○爲一率。所容四等邊形積五○○○○○○○爲二率。今設徑自乘爲三率。求得四率即是。

㊂員容五等邊。求邊。求積。

求邊法見六宗。一法半徑十萬爲一率。三十六度正弦五萬八千七百七十九爲二率。今半徑爲三率

求得四率乙戊倍之得乙丙爲今邊　一法用定率比例以定率員徑一○○○○○○○爲一率所容五等邊形邊五八七七八五二五爲二率今徑爲

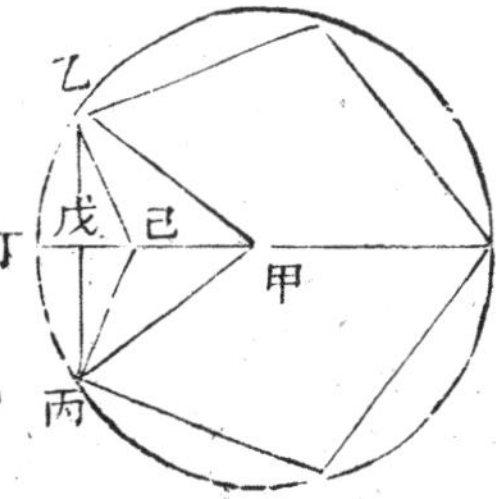

三率得四率爲今邊　求積法以半徑甲丁爲弦乙丙邊折半爲句句弦求得甲戊股爲中垂綫又法照六宗第四條求得甲已中率加已戊半末率爲中垂綫既得中垂綫與乙戊相乘五因之卽五邊形面積也　一法用定率比例以定率員徑自乘方積一○○○○○○○爲一率所容五等邊形積五九四四一○三一爲二率今徑自乘

爲三率。求得四率爲今積。

④員容六等邊形求邊求積。

求邊見割員法。最直捷。不用別法。求積見三角求積。

又法用定率比例。以定率員徑自乘方積一〇〇〇〇〇〇〇〇。爲一率。所容六等邊形積六四九五一九〇五爲二率。今徑自乘爲三率。今積爲四率。

⑤員容七等邊形求邊求積。

求邊法。照六宗員容十四邊條。求得十四邊之一邊。又照六宗員容七邊條。求得邊。又法以半徑十萬爲一率。一十五度四十二分五十一秒有餘之正弦四萬三千三百八十八爲二率。今半徑爲三率。求得四率。倍之即是。　又法。用定率比例。以定率員徑一○○○○○○○○爲一率。所容七等邊形之邊四三三八八三七四爲二率。今徑爲三率。　求積法。以半徑爲弦。每邊折半爲句。求得股爲三角形之中垂綫。與每邊折半之數相乘。得積。七因之。　一法。用定率比例。以定率員徑自乘方積一○○○○○○○○。爲一率。所容七等邊形積六八四一○二五四爲二率。今徑自乘爲三率。

⑥員容八等邊形求邊求積。

求邊法。見割員第二條。　又法。以半徑十萬爲一率。二十二度三十分正弦三萬八千二百六十八爲二率。今半徑爲三率。求得四率。倍之得邊　又法。用定率。比例。以定率員徑一○○○○○○○○爲一率。所容八等邊形之邊三八二六八三四三爲二率。今徑爲三率。求之。　求積法。以半徑爲弦。一邊折半爲句。求得股。爲中垂綫。與句相乘得積。八因之卽得。又法。用定率比例。以定率員徑自乘方積一○○○○○○○○爲一率。所容八等邊形積七○七一○六七八爲二率。今徑自乘爲三率。求得四率。卽是。

⑦員容九等邊。求邊求積。

求邊法。照六宗員容十八邊及九邊二條算之。　又法。以半徑十萬爲一率。二十度之正弦三萬四千二

百〇二爲二率今徑爲三率求得四率倍之卽得

又法用定率比例以定率員徑一〇〇〇〇〇〇〇爲一率所容九等邊形之邊三四二〇二〇一四爲二率今徑爲三率求之　求積法以半徑爲弦每邊折半爲句求得中垂綫以乘句九因之卽得　又法用定率比例以定率員徑自乘方積一〇〇〇〇〇〇〇〇爲一率所容九等邊形積七二三一三六〇六爲二率今徑自乘爲三率求之

(八)員容十等邊求邊求積

求邊法照六宗第四條　又法以半徑十萬爲一率十八度之正弦三萬〇九百〇二爲二率今徑爲三

率求得四率倍之卽得　又法用定率比例以定率員徑一〇〇〇〇〇〇〇爲一率所容十等邊形之邊二〇九〇一六九九爲二率今徑爲三率求之

求積法以半徑爲弦每邊折半爲句求得股爲中垂綫以乘句十因之卽得　又法用定率比例以定率員徑自乘方積一〇〇〇〇〇〇〇爲一率所容十邊形積七三四七三一五六爲二率今徑自乘爲三率求之

員外切各等邊形

㊀員外切三等邊形求邊求積

求邊法以員徑甲乙卽丙庚爲弦（詳三角求容員徑第一條）半徑

已庚爲句，句弦求得股丙已，倍之得丙丁，爲三角形之一邊。

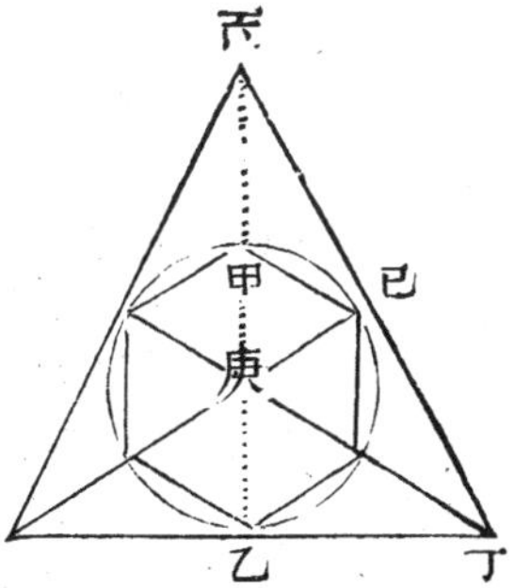

一法：以員半徑十萬，如已庚爲一率，六十度正切一十七萬三千二百〇五〇八，如丙已爲二率，今員徑庚已爲三率，求得四率丙已，倍之得丙丁。

一法：以員徑一〇〇〇〇〇〇〇〇爲一率，三角邊一七三二〇五〇八〇爲二率，今徑爲三率，求得四率丙丁邊。既得邊，折半，乘庚已，三因得積。

求積又法：以員徑自乘方積一〇〇〇〇〇〇〇〇爲一率，外切三角積一二九九〇三八一〇爲二率，今徑自乘積爲三率求得四率。爲今積。

㊁員外切五等邊形求邊求積。法以員半徑辛乙爲首率。即理分中末綫之至分。照六宗第四條理分中末綫法求出

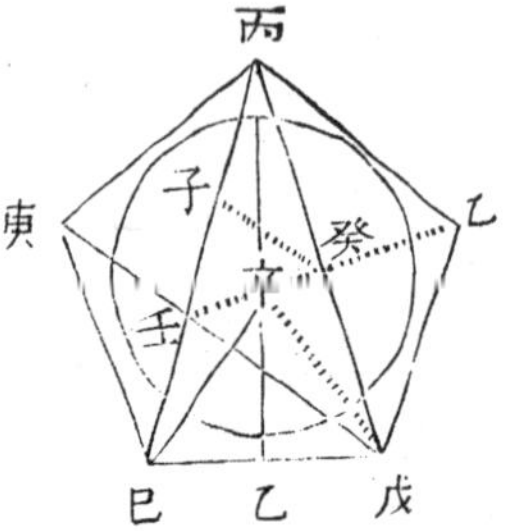

中率。即理分中末綫之大分。倍之得辛巳爲弦。半徑辛乙爲股。股弦求得巳乙句。倍之得巳戊。即五邊形之一邊。問何以知辛巳之爲倍中率。曰以丙壬之爲倍中率例之也。蓋辛乙巳小句股形。與丙癸壬大句股形同式。大形癸角與小形乙角同爲直角而等。又大形丙爲界角。小形辛爲心角。心角所對弧。小于界角所對弧一半。則二角又等。而餘一角亦必等也。可相比例。法爲以丙癸首率。比丙壬倍中率。若辛乙首率。比辛

己倍中率也。然何以知丙壬爲倍中率。曰丙戊己大三角形。與戊己壬小三角形同式。大形之丙角。當戊己邊。與小形之戊角。當庚己邊。相等。又兩形同用己角。亦相等則餘一角亦必等可知也。則比例同故丙戊爲首率。戊己爲中率。己壬爲末率。是丙壬固等戊己中率也。丙己同丙戊爲首率。於首率內減壬己末率則丙壬固中率也。然則若以丙戊之半丙癸爲首率。則丙壬之半丙子爲中率。丙壬必爲倍中率矣。

一法。以半徑十萬如辛乙爲一率。三十六度正切七萬二千六百五十四。如乙己爲二率。今半徑辛乙爲三率。求得四率乙己倍得戊己

一法。以員徑一〇〇〇〇〇〇〇爲一率。五邊形之一邊七二六五四二五二二爲二率。今徑爲三率。

求得四率戊己邊既得邊折半乘辛乙得辛戊己三角積五因之爲五邊形積　又求積法用定率比例以員徑自乘積一〇〇〇〇〇〇〇〇爲一率五邊形積九〇八一七八一一六爲二率今徑自乘爲三率求得四率爲今積

㊂員外切六等邊形求邊求積　求邊法照割員第三條　又法以半徑壬乙自乘三歸而四因之開方得戊己卽所求邊蓋半徑壬乙卽壬戊己三角形之中垂綫垂綫自乘積爲壬己卽戊己邊自乘積四分之三也理詳三角求中垂綫等邊第一條　又法以半徑十萬爲一率三十度正切五萬七千七百三十五爲二率今徑爲三

率。求得四率。倍之卽是。一　又法用定率比例。以定率員徑一〇〇〇〇〇〇〇爲一率。外切邊五七七三五〇二七爲二率。今徑爲三率。求之。　求積法照上條。　又法用定率比例。以定

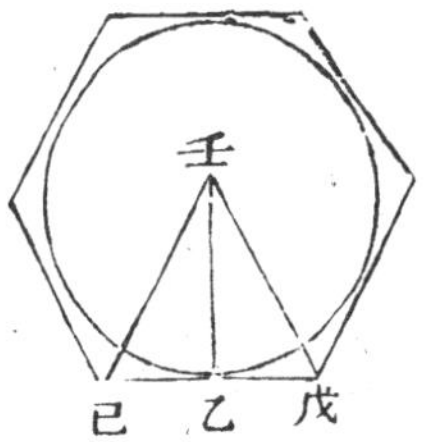

率員徑自乘方積一〇〇〇〇〇〇〇〇爲一率。外切積八六六〇二五四〇爲二率。今徑自乘爲三率求之。

㊃員外切七等邊形。求邊求積。

照員容七等邊形法。求得內容七等邊之每一邊已庚。及其中垂綫甲戊。乃以中垂綫甲戊爲一率。已庚

邊爲二率。今半徑甲乙。即今垂綫。爲三率。求得四率丙丁。即今邊。下九邊十邊二條倣此。

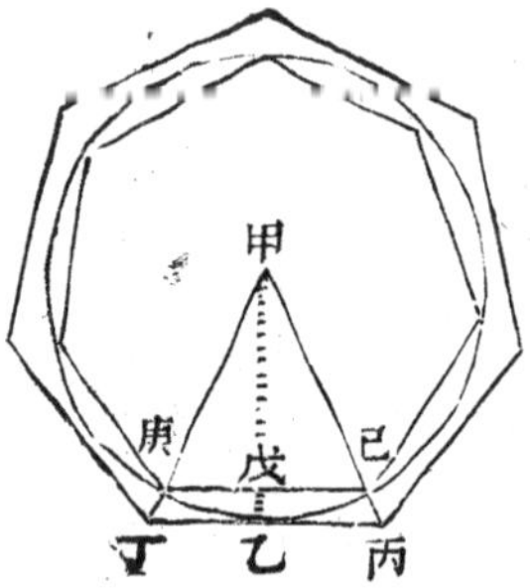

又法。

一　半徑十萬。

二　二十五度四十二分五十一秒正切。四萬八千一百五十七。

三　今半徑。

四　丁乙倍之得丁丙。爲今邊。

又法。

一　員徑一○○○○○○○○。

二　外切七邊形邊四八一五七四六二。

三　今徑。

四　今邊。　求積照上條法。

又法

一　員徑自乘方積一○○○○○○○○。

二　外切七邊形積。○八四二七五五五八。

三　今徑自乘積。

四　今切七邊積。

㊄員外切八等邊形求邊求積。

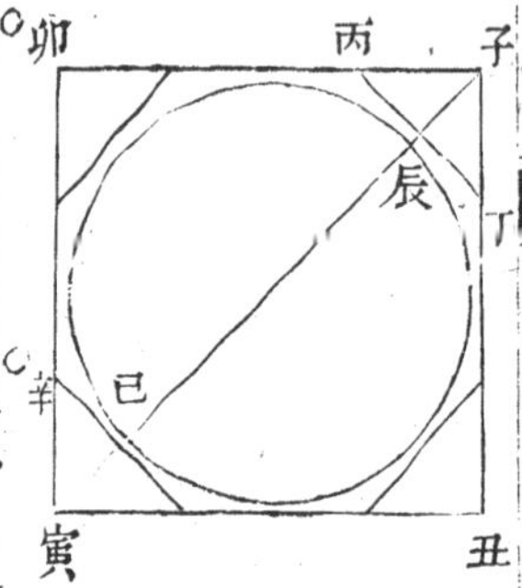

法以員徑自乘倍之開方得子寅對角斜綫與辰巳半徑相減餘子辰巳寅二段子辰卽辰丁巳寅卽辛巳又卽丙辰合之爲丙丁卽今邊也

一法

一　半徑十萬

二　二十二度三十分正切四萬一千四百二十一

三　今半徑

四　倍之爲今邊

又法

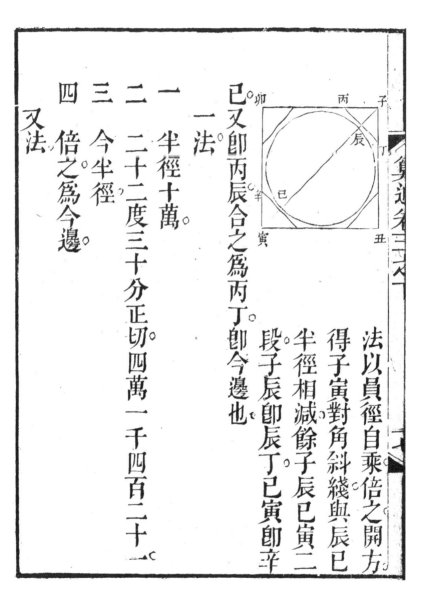

一　員徑一〇〇〇〇〇〇〇〇

二　外切八邊形邊四一四二一三五六。

三　今徑。

四　今邊。　求積倣上條。

又法。

一　員積一〇〇〇〇〇〇〇〇。

二　外切八邊形積。一〇五四七八六一七。

三　今員積。

四　今切八邊形積。

⑥員外切九等邊形求邊求積。

求邊法照上七邊條。

又法

一　半徑十萬。

二　二十度正切三萬六千三百九十七。

三　今半徑。

四　倍之爲今邊。

又法。

一率　員徑一〇〇〇〇〇〇〇〇。

二率　外切九邊形邊三六三九七〇二四。

三率　今徑。

四率　今邊。　求積法倣上條。

又法。

一　圓積一〇〇〇〇〇〇〇〇。

二　外切九邊形積一〇四二六九七九一。

三　今圓積

四　今九邊形積

⑦圓外切十等邊形求邊求積。

求邊法照上七邊條。

又法

一　半徑十萬

二　十八度正切三萬二千四百九十二。

三　今半徑

四　倍之爲今邊

又法

一　員徑一○○○○○○○○。

二　外切十邊形邊三二四九一九七。

三　今徑。

四　今邊。　求積法做上條。

又法

一　員徑自乘積。一○○○○○○○○。

二　外切十邊形積八一二三九九二四。

三　今徑自乘

四　今積。

各等邊形

㊀五等邊形以邊求積

法以三十六度正弦如丁辛五萬八千七百七十九爲一率半徑如己丁十萬爲二率今邊折半丁辛爲三率求得四率己丁爲外切圓之半徑照員容五等邊形條求得積此卽員容五等邊法而轉用之者也　又法以三十六度正切如辛丁七萬二千六百五十四爲一率半徑如己辛十萬爲二率今邊折半辛丁爲三率求得四率己辛爲容員半徑照員外切五等邊形法求得積此卽員外切五等邊法而轉用之者也　一法用六宗弟四條理分中末綫法以每邊丙丁爲首率改名中率求得中率丙庚改名末率。所以改名者。以丁丙庚形與甲丙丁同式。可相比例。則甲丁爲首率。丙丁爲中率。丙庚爲末率也。以丙庚與甲庚即丙丁。相加得甲丙爲弦甲丙即甲丁首率也。理分中末綫法。求首率。兼有中末二率。甲丙既即甲丁首率。則必兼有丙庚末率。與丙午中率。而甲庚之即丙丁。可知矣。以丙丁折半得丙辛爲句。句弦求得甲辛股。又以辛丁爲中率自乘得數。以甲辛爲首率除之。得末率辛壬中率自乘與首末率相乘同積。故以首率除之得末率。既得辛壬與甲辛相減餘折半得己辛。爲五等邊容員之半徑。照外切五等邊條求積。一法既得甲辛與丙辛相乘得甲丙丁三角形積。又以甲辛與乙庚相乘。即得甲乙丙甲戊丁兩

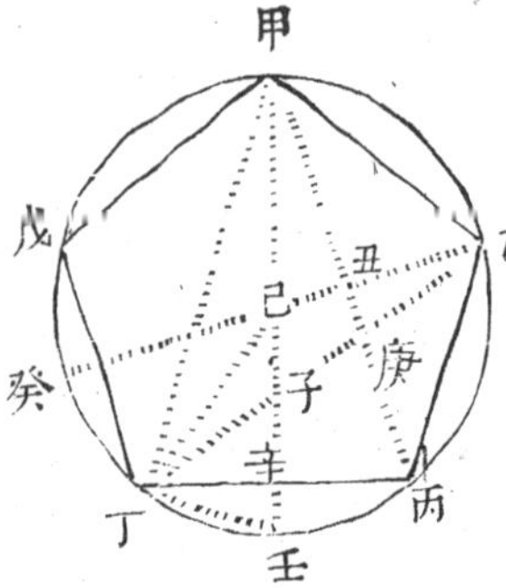

三角形積。合之爲五邊形積。問欲求甲乙丙。甲戊丁。兩三角形積。當以乙丑垂綫乘甲丙底得之。今以甲辛乘乙庚何也。曰乙丑庚小句股形與甲辛丙大句股形同式。大形辛角。小形丑角。皆正方而等。又大形甲角所對丙壬弧與小形乙角所對癸丁弧無異。則又等。而餘一角亦必等。故爲同式形。可相比例法。爲甲丙首率弦。比甲辛次率股。若乙庚三率弦。比乙丑四率股。凡二率三率相乘。與首末二率相乘等積。故以甲辛乘乙庚。代乙丑乘甲丙也。又法用邊同積異。定率比例。以定率正方庚丙己丁。積一○○○○○○○丙丁邊自乘所得。爲一率。五邊形甲乙丙丁戊。積一七二○四七七四一爲二率。今邊爲三率。求得四率。爲今積。又法用異邊同積定率比例以定率五邊形邊七六二二三八七〇五爲一率正方邊一〇〇〇〇〇〇〇〇爲二率今邊爲三率求得四率爲同積之正方邊自乘得積卽同本形積

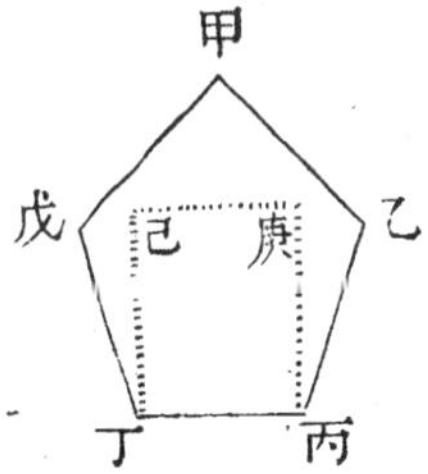

又二 若五等邊形以積求邊

法用同邊異積定率比例以定率五邊形積一七二〇四七七四一爲一率正方積一〇〇〇〇〇〇〇〇〇爲二率今設形積爲三率求得四率爲正方積開方得邊　又法用同積異邊定率比例以定率正方形邊一〇〇〇〇〇〇〇〇爲一率五邊形邊七六

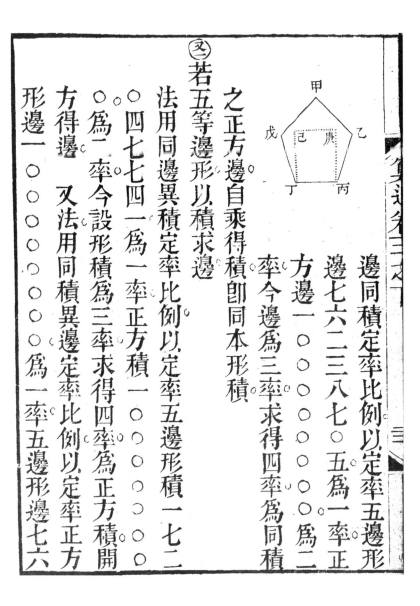

二三八七〇五爲二二率今設形積開方得正方邊爲三率求得四率爲今邊

㊁六等邊形以邊求積

法照等邊三角形求中垂綫法求得中垂綫與邊相乘折半得三角形積六因之卽得　又法用同邊異積定率比例以定率正方庚辛丙丁積一〇〇〇〇〇〇〇爲一率六等邊形積二五九八〇七六二〇爲二率今設邊自乘方積爲三率求得四率卽今積　又法用同積異邊定率比例以六等邊形之邊六二〇四〇三二四爲一率正方形邊一〇〇〇〇〇

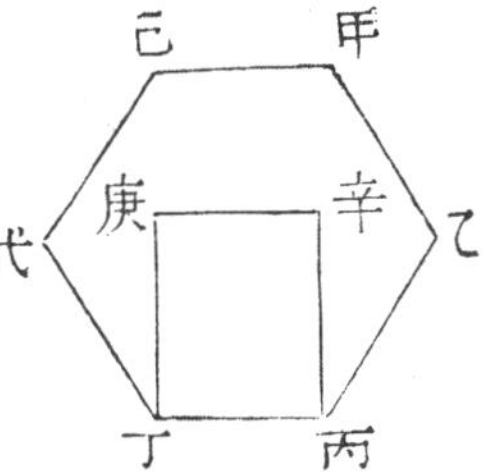

○○爲二率今設邊爲三率求得四率爲正方形邊自乘得方積卽今設形積

(又二)若六等邊形以積求邊

法用同邊異積定率比例以定率六等邊形積二五九八○七六二○爲一率正方形積一○○○○○○○○爲二率今設積爲三率求得四率開方得今邊　又法用同積異邊定率比例以定率正方形邊一○○○○○○○爲一率六等邊形之邊六二○四○三二四爲二率今設積開方得方邊爲三率求得四率爲今邊

(三)七等邊形以邊求積

法以二十五度四十二分五十一秒有餘之正弦四萬三千三百八十八爲一率半徑十萬爲二率今設邊折半爲三率求得四率爲外切員之半徑照員容七等邊條求得積此卽員容七等邊形法而轉用之者也　一法照員外切七等邊形法而轉用之以求得積倣上五等邊條　又法用同邊異積定率比例以定率正方積一〇〇〇〇〇〇〇〇爲一率七等邊形積三六三三九一二四〇爲二率今設邊自乘方積爲三率求得四率爲今積　又法用同積異邊定率比例以定率七等邊形邊五二四五八一二六爲一率正方形邊一〇〇〇〇〇〇〇〇爲二率今

設邊爲二率求得四率爲方邊自乘得方積即是

(三)若七等邊形以積求邊

用同邊異積定率比例以定率七等邊形積三六三三九一二四○爲一率正方形積一○○○○○○○爲二率今設積爲三率求得四率開方得今邊

又法用同積異邊定率比例以定率正方形邊一○○○○○○○○爲一率七等邊形之邊五二四五八一二六爲二率今設積開方得正方邊爲三率求得四率即今邊

(四)八等邊形以邊求積

法倣五等邊條照員容八等邊形法轉用之或照員

外切八等邊形法轉用之並可求積　又法用同邊異積定率比例以定率正方積一○○○○○○○○爲一率八等邊形積四八二八四二七一二爲二率今設邊自乘方積爲三率求得四率爲今積　又法用同積異邊定率比例以定率八等邊形之邊四五五○八九八五爲一率正方形邊一○○○○○○○○爲二率今設邊爲三率求得四率爲方邊自乘得方積即是　又法以每邊丙丁自乘丙丁爲丙子丁句股形之弦。折半開方得丙子如股。與每邊之半卯丙卯丙爲乙丙邊之半。相加成卯子即同

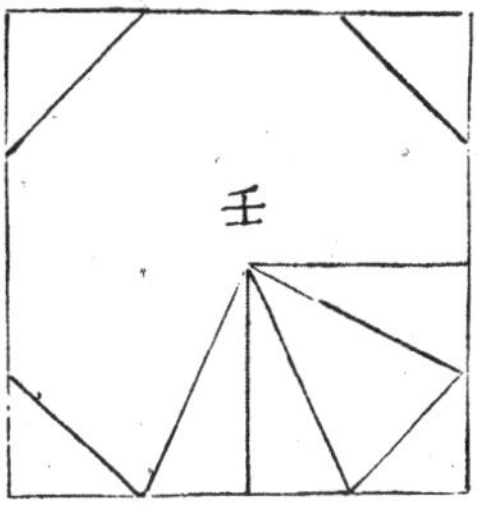

壬辰乖綫與丁戊相乘折半八因之得積

(四)若八等邊形以積求邊

用同邊異積定率比例以定率八等邊形積四八二八四二七一二爲一率正方形積一〇〇〇〇〇〇〇〇爲二率今設積爲三率求得四率開方得今邊

又法用同積異邊定率比例以定率正方形邊一〇〇〇〇〇〇〇〇爲一率八等邊形之邊四五五〇八九八五爲二率今設積開方得方邊爲三率求得四率爲今邊

(五)九等邊形以邊求積

法倣五等邊條照員容九等邊形法轉用之或照員

外切九等邊形法轉用之並可求積　又法用同邊異積定率比例以定率正方積一〇〇〇〇〇〇〇〇〇〇爲一率九等邊形積六一八一八二四二〇爲二率今設邊自乘方積爲三率求得四率卽今積　又法用同積異邊定率比例以定率九等邊形之邊四〇二一九九六三爲一率正方形邊一〇〇〇〇〇〇〇〇〇爲二率今設邊爲三率求得四率爲正方邊自乘得方積卽是

(圣)若九等邊形以積求邊

用同邊異積定率比例以定率九等邊形積六一八一八二四二〇爲一率正方形積一〇〇〇〇〇

〇〇爲二率今設積爲三率求得四率開方得今邊

又法用同積異邊定率比例以定率正方形邊一〇〇〇〇〇〇〇〇爲一率九等邊形之邊四〇二一九九六三爲二率今設積開方得正方邊爲三率求得四率卽今邊

⑥十等邊形以邊求積　法倣五等邊條照員容十等邊形法轉用之或照員外切十等邊形法轉用之並可求積　又法照六宗弟四條理分中末綫法以戊己邊爲首率（改名中率）求得戊丑中率（改名末率。其故已詳上五率邊形條。）乃以戊丑加戊己（戊己卽子丑也。）成子戊爲弦戊己邊之半爲句句弦求得子卯股爲子戊己三角形之中垂綫與

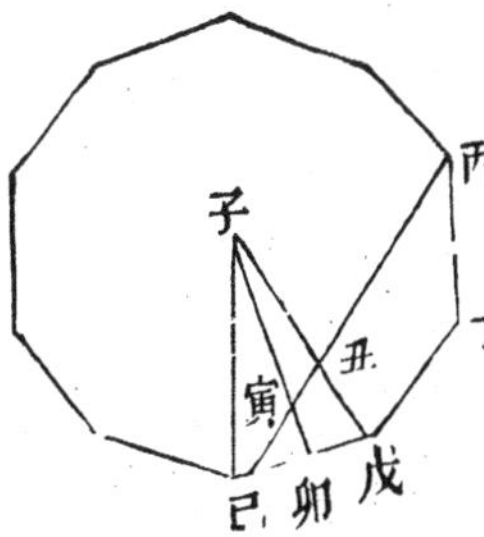

戊已相乘。折半。得子戊已三角形積。十因之。得十等邊形積。詳解五等邊形條。又法。用同邊異積定率比例。以定率正方形積一〇〇〇〇〇〇〇爲一率。十等邊形積七六九四二〇八八三爲二率。今邊自乘方積爲三率。求得四率爲今積。又法。用同積異邊定率比例。以定率十等邊形之邊三六〇五一〇五八爲一率。正方形邊一〇〇〇〇〇〇〇〇爲二率。今設邊爲三率。求得四率爲正方邊。自乘得方積。即是。

（又六）若十等邊形。以積求邊。

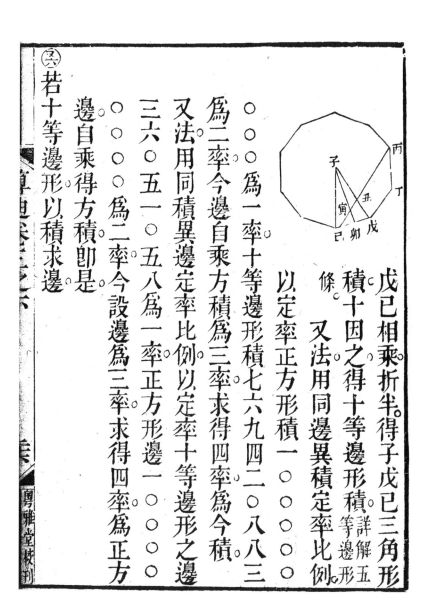

用同邊異積定率比例以定率十等邊形積七六八九四二〇八八三爲一率正方形積一〇〇〇〇〇〇〇爲二率今設積爲三率求得四率開方得今邊又法用同積異邊定率比例以定率正方形邊一〇〇〇〇〇〇〇〇爲一率十等邊形邊三六〇五一〇五八爲二率今設積開方得方邊爲三率求得四率卽今邊

更面形

㈠如正方形每邊一尺二寸今欲改爲同積之員問徑若干　法用同積異邊定率比例以定率正方形每邊一〇〇〇〇〇〇〇〇爲一率員徑一一二八三七

九一六爲二率今邊一尺二寸爲三率求得四率員徑一尺三寸五分四釐〇五絲五忽弱

（二）如正方形積一尺四十四寸今欲作同根之員問積若干　法用同邊異積定率比例以定率正方積一〇〇〇〇〇〇〇〇爲一率員積七八五三九八一六爲二率今設方積一四四爲三率求得四率一尺一十三寸〇九七三三五〇爲員積

（三）如員徑一尺二寸今欲作同積之三等邊形問每邊若干　法用同積異邊定率比例以定率員徑一一二八三七九一六爲一率三等邊形邊一五一九六七一三七爲二率今員徑爲三率求得四率爲今三等

邊形之邊

㊃如員積一尺四十四寸。今欲作同根之五等邊形問積若干。法用同邊異積定率比例以定率員積七八五三九八一六為一率五等邊形積一七二○四七七四一為二率今員積為三率求得四率即今五等邊形積

㊄如六等邊形每邊一尺二寸。今欲作等積之七等邊形問每一邊若干　法用同積異邊定率比例以定率六等邊形每邊六二○四○三二四為一率七等邊形每邊五二四五八一二六為二率今設邊為三率求得四率為今七等邊形之邊

⑥如五等邊形積一尺四十四寸今欲作同根之八等邊形問積若干　法用同邊異積定率比例以定率五等邊形積一七二〇四七七四一為一率八等邊形積四八二八四二七一二為二率今設積為三率求得四率即今八等邊形積也

開立方法

平方形如棋局立方形如骰子其邊則長闊高皆相等如俱三尺其積則邊自乘再乘之數也如三尺自乘得平方積九尺再乘得立方積二十七尺也開立方者以所設之積用法開除之而得其每邊之數也初商法用大籌算

籌式朱書乃行數。墨書各數名籌積乃行數自乘再乘所得。如弟四行數四自乘得十六。再乘得六十四之類。

七	五	三	二	一				
二	一	四	一	二	六	二		
九	二	三	六	五	四	七	八	一
九	八	七	六	五	四	三	二	一

初商法。看何行籌積。與設實相合。如設積二十七尺。查與弟三行籌積恰合。則以其行數之三。名之曰三尺。爲初商。除實恰盡。是初商。卽了無次商也。如設實不能與籌積合。則取籌積之畧少於設實者。以其行

數爲初商如設積一百七十五尺六百一十六寸。則以弟五行籌積一百二十五爲畧少於設實。即用其行數之五爲初商。於設實内減去籌積一百二十五尺餘實爲廉隅之積也。平廉長廉各三。隅一。如下圖。

方廉隅合形

方為廉隅所包
分形始見

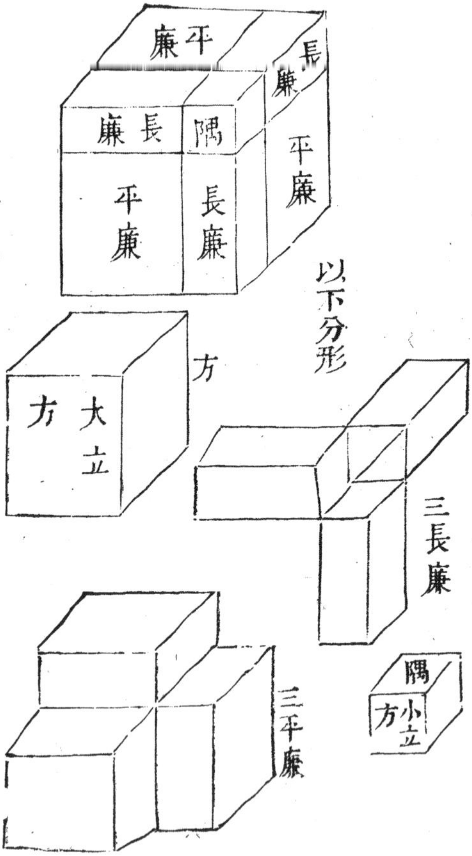

設如立方積三丈（即三千尺）三百七十五尺問每邊若干、

曰一丈五尺法列實隔二位記一點蓋立方籌合百十單三位故截實三位爲一商又方積三位定方邊一位也從實末單尺位記一點即定此位所商爲尺次於單丈位記一點即定此位所商爲丈（即十尺）查止記二點知商有二次又查上點單丈上缺二位當作○○補之隨截○○三丈爲初商實查籌積無恰合者惟第一行積○○一畧少於實之○○三遂對録以相減而以其行數之一爲初商一丈書於實三丈之旁餘實二丈三百七十五尺爲

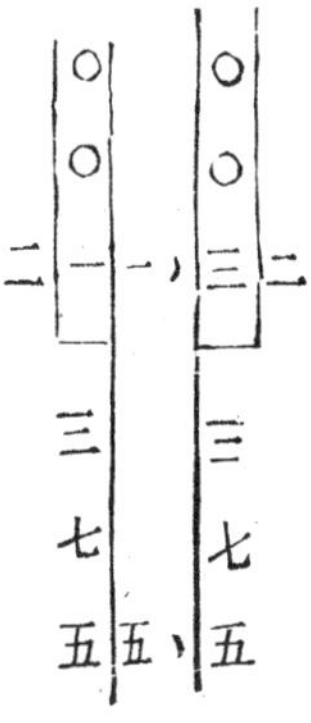

次商廉隅之共積　次商法以初商十尺自乘得一百尺三因之得三百尺平廉有三。故三因之。照數取第三籌加立方大籌上立方大籌隅積也。隅積之末位必小於平廉面積之末位二等。故平廉籌可加立方籌上。名曰平隅共法查籌內第五行積一千六百二十五畧小於原實錄之名平隅共積即取其行數五爲次商乂以初商十尺三因之得三十尺以次商五自乘得一十五乘之得七百五十名長廉積與上平隅共積相併得二千三百七十五尺長廉積末位必大於隅積末位一等。併法照等併之則不錯。詳下條。以減餘實恰盡定五尺爲次商書於原積五尺之旁合初次商共得一丈五尺也

㊂今有立方積一千五百七十七億萬萬曰億。二千六百五十

八萬五千八百二十七尺。問每邊若干。曰五千四百零三尺。查記四點，知初商是千。上條丈尺並命，此條統以尺命之，則

三二三六二
一五七七二六五八五八二七
五四○三
一二五四六四五八五八二七
三二三六二

初商法。截弟一點上末點所商爲尺，上一點所商爲十，又上爲百，又上爲千也。一千五百七十億爲初商實。查大籌第五行積一千二百五十億，畧少於實。錄減訖，定五爲初商。對第一點書之。　次商法。截弟二點上三百二十七億二千六百萬尺爲次商實。以初商五千尺自乘得二千五百萬尺，三因之得七千五百萬尺。則取七五兩籌加

立方大籌上查籌內弟四行積係三百億○○六千四百萬尺。內三百億乃三平廉積。餘六千四百萬尺則隅積也。即取其行數四為次商四百尺。又以初商五千尺。三因之得一萬五千尺。以次商四百尺自乘得十六萬尺。乘之得二十四億尺。為長廉積。併入平隅共積得三百二十四億六千四百萬尺。以減截實。定四為次商。對第二點書之。上條言三長廉積末位。大於隅積末位一等。查此隅積末位係四百萬尺。而長廉積末位乃四億尺竟大二等。因長廉積乃十六萬乘一萬五千法實之末位。六五相呼。得三億。成十無零。故缺下一位也。更有缺多位者。如以一百二十八尺。乘七十五尺。得九千六百尺。是不惟缺單位。竟連十位亦缺也。此須細察。乃無誤併之患。○察之之法。須問法實之數。如實三而法一。併之得四。則乘出之積。亦必四位。實三而法二。併之得五。則乘出之積。亦必五位。今實二百三十八乘法七十五乘出之積應五位乃僅得九千六百兩位計缺三位又實十六萬乘法一萬五千乘出之積應四位今止得二十四億二位計缺二位蓋首位皆逢如而退下末位逢十而進上故上下並缺也◎按察法爲珠算設耳若籌算則七五五乘一二八得零九六零零同五位也一五乘一六得零二四零零同四位也益知籌算之妙

三商法截第三點上二億六千二百五十八萬五千尺爲三商實合初次商五千四百尺自乘得二千九百一十六萬尺三因之得八千七百四十八萬尺即取八七四八共四籌加立方大籌上查三商應商十而籌積第一行乃八千七百四十八萬尺十之則爲八億七千四百八十萬尺法大實小無可減知三商不能商十尺當空一位遂於次商四百尺之下對第三點紀〇將前實改入四商實

四商法。截第四照上二億六千二百五十八萬五千八百二十七尺爲四商實。次於平廉籌下。立方籌上。加入兩空籌。何者。平廉積末位本大於隅積末位二等。若三商不空。則隅積末位乃在第三點之千位。平廉積末位應在十萬位。今因改爲四商。而隅末位之千降爲單。在第四點尺位上。其平廉積爲八千七百四十八萬。末位之萬。距隅末位之單。計隔四位。故加二空籌也。若遇空二位。則加四空籌。餘倣此。隨査籌內第三行積畧少於實。錄爲平隅。其積卽用其行數三爲四商。又以初次商五千四百三因之。得一萬六千二百尺。以四商三自乘得九尺乘之。得一十四萬五千八百尺。平廉積末位升二等則長廉積末位亦升一等併入平隅其積得二億六千二百五十八萬五千八百二十七尺除實恰盡定三為四商對弟四點書之　還原以所商數自乘再乘合原積蓋凡開立方除實得盡者必皆方邊自乘再乘之積故以開得之方邊自乘再乘還原如非方邊自乘再乘之積則開之必不能盡其還原法將開得之方邊自乘再乘加入不盡之數方與原積合餘實用命分法命之如立方積十七尺開得二尺除積八尺餘實九尺法以商二尺自乘得四尺而三因之得三平廉共十二尺又以商二尺三因之得三長廉共六尺又加隅一尺共一十九尺命之曰二尺又十九分

尺之九意若曰餘實若滿十九尺即可商一尺矣今只有九尺則不能商一尺止可商十九分尺之九分也十九分尺之九分者謂以十九分爲一尺而止得九分也然依古法還原則不合蓋古法以分母十九通商二尺得三十八分又加分子九共得四十七分自乘得平方積二千二百〇九分再乘得立方積一十萬〇三千八百二十三分爲實別以分母十九分自乘得平方積三百六十一分再乘得立方積六千八百五十九分爲法法除實得一十五尺又六千八百五十九分尺之九百三十八分較原實一十七尺少一尺又六千八百五十九分尺之五千九百二十

一分此乃長廉與隅之差也何則一尺化爲十九分者其邊綫也十九自乘得三百六十一分者其面冪也再乘得六千八百五十九分者其體積也化二尺爲三十八分自乘再乘得方積卽二尺自乘再乘之方積爲立方一尺者八也原積十七尺除方積八尺餘九尺則廉隅之共積也以每尺體積六千八百五十九計之十七尺應共積一十一萬六千六百〇三分除方積八尺共五萬四千八百七十二分尚餘六萬一千七百三十一分乃廉隅共九尺之積今通分四十七自乘再乘得一十萬〇三千八百二十三除方積八尺共五萬四千八百七十二止餘四萬八千

九百五十一較原數少一萬二千七百八十分蓋廉隅之邊乃十九分尺之九十九分尺之九者謂立方縱廣高皆一尺化爲縱廣高皆十九分今縱廣皆十九分而高止九分也邊爲十九分尺之九分則積爲千九尺之九尺然則必得十九个縱廣皆十九分高九分者乃合九尺之數每尺積六千八百五十九分九尺共積六萬一千七百三十一分而十九分之其積三千二百四十九分十九个三千二百四十九分亦共得六萬一千七百三十一分也今平廉縱廣皆三十八分高九分是爲縱廣十九分高九分者四个也合三平廉計之則十二个也尚欠七个乃三長廉各當占二个隅當占一个也而長廉長三十八分半之長一十九分高闊各九分計

積一千五百三十九分較一个縱廣十九分高九分。積三千二百四十九分者少一千七百一十分三長廉共六尺共少一萬○二百六十分是為長廉之差也隅縱廣高皆九分自乘再乘得七百二十九分較之一个縱廣十九分高九分積三千二百四十九分者少二千五百二十分是隅差也合二差共一萬二千七百八十分所當補足如下新法而後還原與原積合也　新法以再乘得一十萬○三千八百二十三為通積另以分母十九自乘（即下隅差圖。橫直相乘。）得面積三百六十一分內減分子九自乘八十一（即丁隅縱橫相乘數）也。餘面積二百八十分（即甲乙丙三面積。）以分子九（當高九分。）乘之。得立積二千五百二十分。是補隅差數矣。又置分母十九。子寅。丙減分子九。丑寅。餘十分。子丑。以乘分子九子卯。得面積九十分。以十九分子辰。乘之得一千七百一十分計三長廉共六尺共一萬。二百六十分。足補長廉差數二共併得一萬二千七百八十分以加通積廉隅差數皆補足矣得一十一萬六千六百。三分爲實而後以分母十九自乘再乘得六千八百五十九爲法除之爲圖明之　丁隅也縱廣高皆九分積七百二十九

補隅差圖

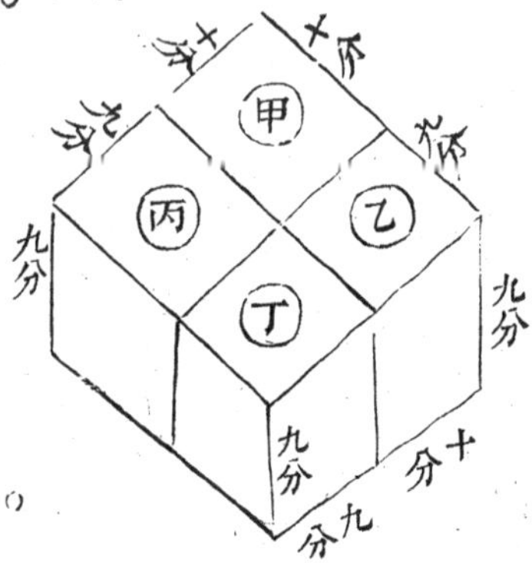

分。今取甲乙丙面積以高九分乘之得積二千五百

二十分。以加丁七百二十九分。合足一个縱廣十九分高九分積三千二百四十九分之數　乙長廉也長廉十九分高闊各九分積一千五百三十九分今

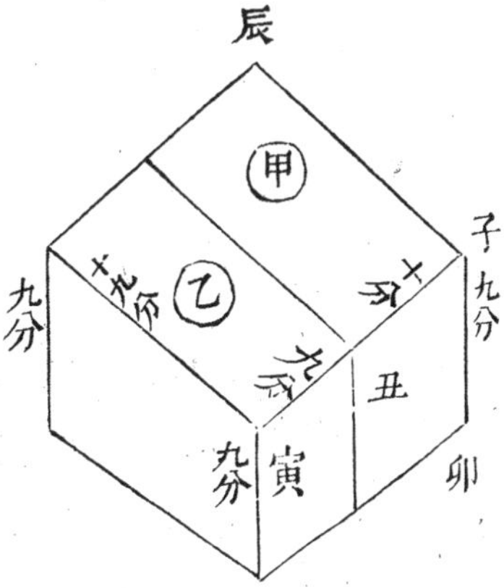

取甲闊十分乘高九分再乘長十九分得一千七百一十分以加乙一千五百三十九分合足一个縱廣十九分高九分積三千二百四十九分之數

（三）如有方亭數座共用方磚一千七百二十八塊鋪地其所鋪座數與每座行數每行磚數皆相等問亭幾座

曰十二座法照立方法開之。蓋每座十二行。乘每行十二磚。如平方之自乘得平面積一百四十四。又以亭十二座乘之。如立方之再乘得立積一千七百二十八也。

帶縱較數立方法 有帶一縱者。有帶兩縱而縱數同者。有帶兩縱而縱數不同者。凡三種。

(一)如帶一縱之立方積三千七百二十四尺。長闊相等。惟高多五尺。問長闊高各若干。 曰長闊皆十四尺。高十九尺。法列實記點。如法查記二點。知初商是十。初商法截弟一點上○○三為初商實。查立

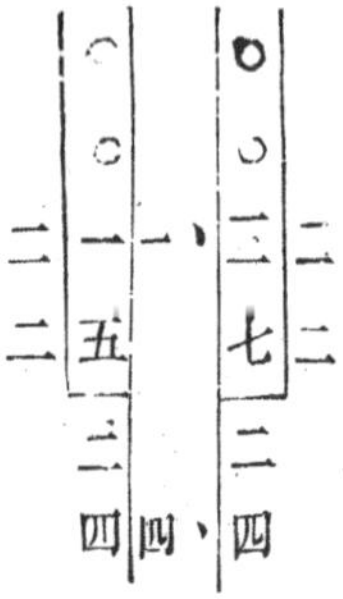

方大籌弟一行積〇〇一。少於截實錄之爲方積卽以其行數一。爲初商十尺書於上點之旁次以初商十尺自乘得一百尺以乘高多五尺得五百尺錄於〇〇一之下爲縱方積二共〇〇一五與原實相減餘二千二百二十四尺爲次商實次商法以初商十尺自乘得一百尺（如下圖庚辛方。）三因之得三百尺（庚辛及甲壬戊癸也。）又以初商十尺乘高多五尺得五十尺（如甲子。）二因之得一百尺（甲子及戊丑也。）併之得四百尺爲平廉面積（一庚辛。一壬乙。一癸己。）又以初商十尺三因之得三十尺加高多五尺共三十五尺爲長廉縱積（一午壬。一未癸。一寅丁。）合二法以約餘實足商四尺就以四尺爲次商以次商之四乘長廉幂積得一百四十爲長廉面積一甲壬。一酉癸。一壬丁。又以次商四自乘得十六爲隅面積辛亥。於是併三面積得五百五十六尺爲共法用五五六三籌取第四行積二千二百二十四尺如次商乘併積。與餘實對減恰盡定四爲次商書於下點之旁合問。　爲圖明之甲乙丙丁戊己並高多五尺也除此餘卽正立方體每邊十四尺。

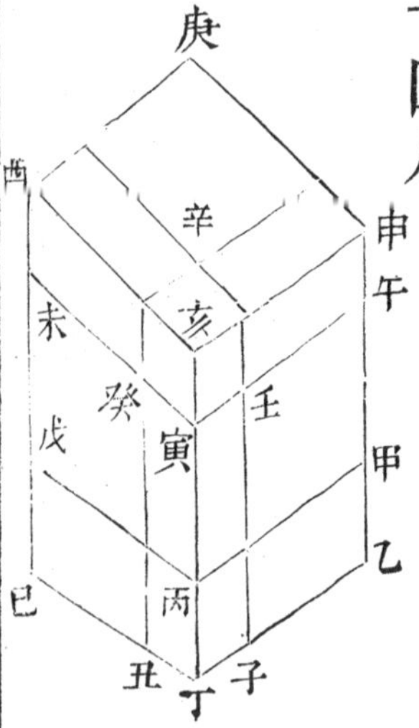

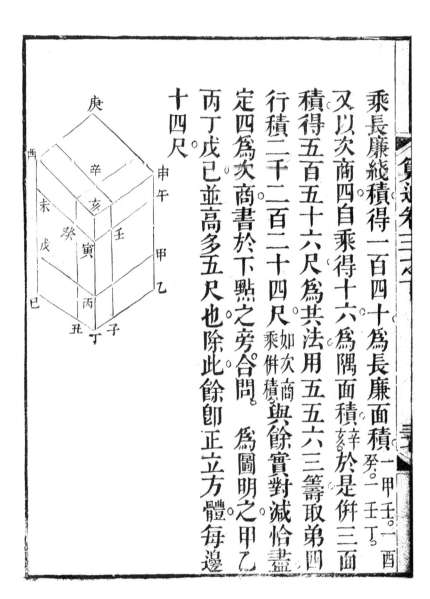

三 如帶兩縱縱數同之立方積二萬三千四百尺長闊皆多高四尺問高及長闊　曰
高二十六尺長闊各三十尺
列實記點如法　記二點
知初商是十初商法截頭點

一一八八
〇二三四〇〇
二六
〇一一五二
一一八八

〇二三為初商實查立方大籌弟二行積〇〇八千畧少於實卽以其行數二爲初商二十尺以初商二十尺自乘得四百尺爲大方面積如下圖之甲乙以多四尺自乘得十六尺爲縱方面積如下圖之乙丁又以初商二十尺乘多四尺得八十尺如下圖之乙壬倍之得一百六十尺爲縱廉面積如下圖壬乙癸併三面積得五百七十六用五

七六籌。錄其第二行積一一五二。卽以併積乘商耳。以減原實。定二爲初商書於頭點之旁。餘實一萬一千八百八十。次商法以初商二十尺加縱四尺共二十四尺如長。倍之得四十八尺如兩長。以乘初商二十尺如高。得九百六十尺。此子己及寅未旁兩平廉面積。又以初商加縱共二十四尺自乘得五百七十六尺。此底平廉面積不可見。併二數得一千五百三十六尺爲平廉面積。以初商二十尺三因之得六十尺。此辛午申亥丙戌三長廉。各長二十

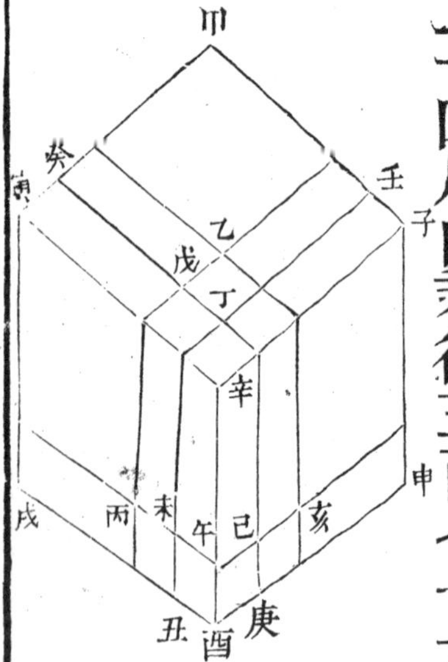

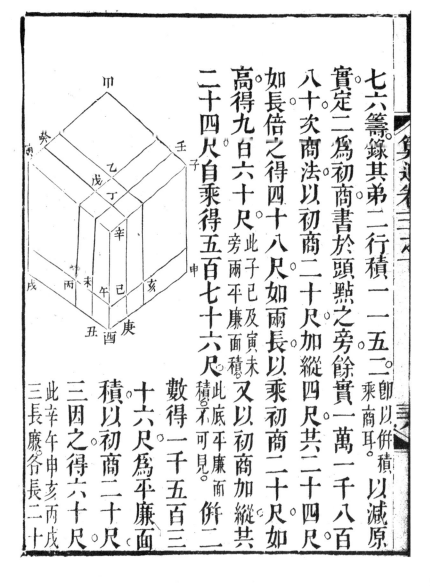

尺也。以縱四尺倍之得八尺相加得六十八尺申亥戌丙兩橫
長廉比竪長廉各多亥庚丙丑縱四尺也。爲長廉綫積合二法以約次商
可商六尺就以六乘長廉綫積得四百○八尺爲長
廉面積辛午申己戊未也。以次商六尺自乘得三十六尺爲
隅面積午庚也。於是併三面積得一千九百八十用一
九八籌查其弟六行積○一一八八與餘實對減恰
盡定六爲次商書於下點之旁

(一)如帶兩縱縱數不同之立方積六萬一千九百九十二
尺其長多闊五尺高多長一尺問三色　曰闊三十
六尺長四十一尺高四十二尺

列實記點如法記二點知初商是十初商法截頭點〇六一爲初商實查大籌第三行〇二七畧少於實即用其行數三作初商三十尺爲闊如下圖甲丁以乘長如甲乙三十五尺長多闊五尺也得一千〇五十尺又乘高如乙己三十六尺高多長一尺高多闊六尺也得三萬七千八百尺餘減訖定三爲初商書於頭點之旁餘實二萬四千一百九十二尺　次商法以初商闊三十尺乘長三十五尺得一千〇五十尺如甲丁乘甲乙又以闊三十尺乘高三十六尺得一千〇八十尺如丁丙乘乙己又以長三十五尺乘高三十六尺得一千二百六十尺

二四一
〇六一九九二
、　、
三　六
〇三七八九二
二四

如丁丙乘丙辛。併三數爲平廉面積。一甲丙。一丙己。一丙癸。次以初商闊三十。長三十五。高三十六。併得一百〇一爲長廉綫積。合二者以約餘實。可次商六尺。就以六乘長廉綫。得六百〇六尺。爲長廉面積。又以次商六自乘。得三十六尺。爲隅面積。乃併三面積共四千〇三十二尺。用四空三二籌。錄其弟六行積二四一九二。與餘實對減恰盡。定六爲次商

初商圖

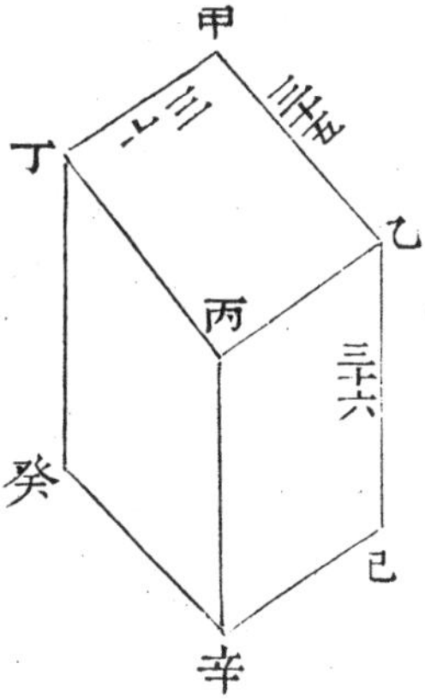

次商圖

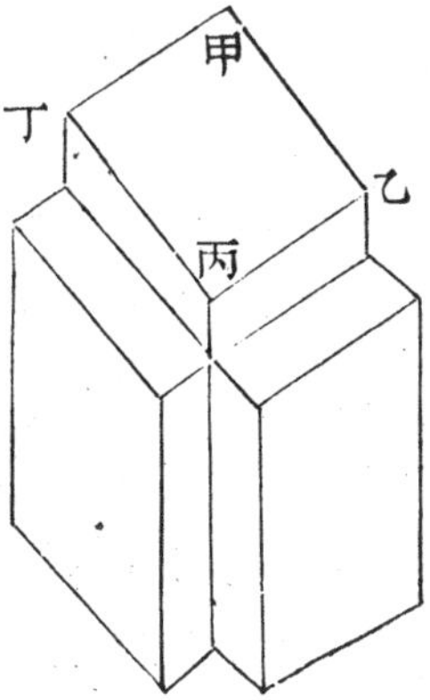

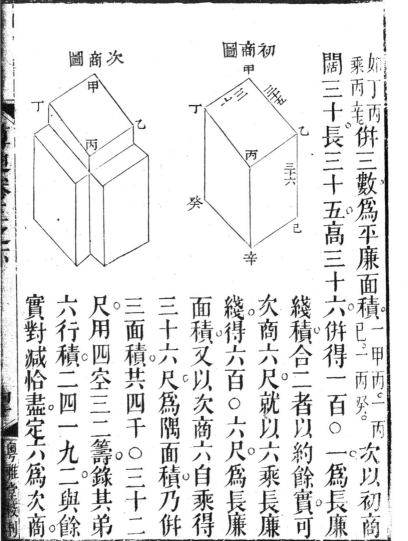

此三平廉也。三長廉。一隅。可想。書於下點之旁。

帶縱和數立方法

㊀如帶一縱立方積二千四百四十八尺。其高與闊相等。長與闊和二十九尺。問各數。　曰高闊各一十二尺。長一十七尺。

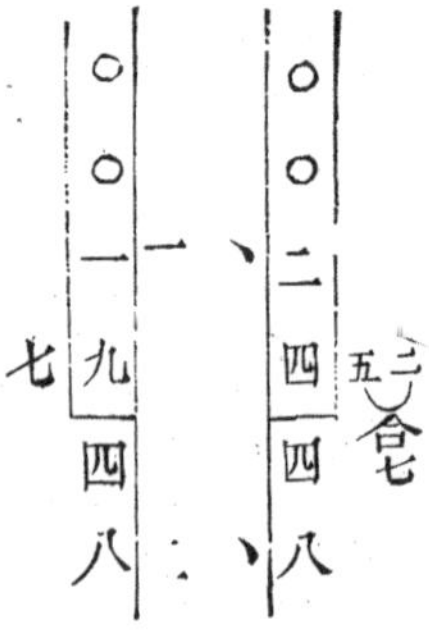

列位記點如式。　截○○二爲初商積。查立方大籌第一行積○○一少於截實。即用其行數一。爲初商十尺。蓋闊也。己辛亦高也。己乙以初商十尺自乘得一百尺。己乙乘己辛。與長十九尺。長闊和二十九尺減闊十尺。餘十九尺。爲長也。相乘。己庚面乘庚壬長。得一千九

此本形

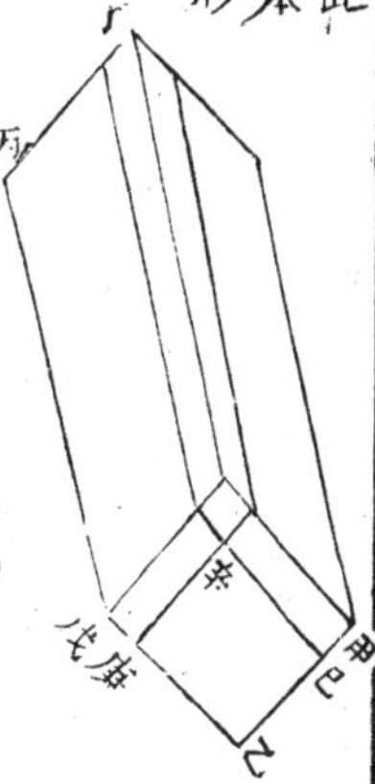

百尺。此己乙壬癸長方積。與截實二千相減定一爲初商書於頭點之旁。餘實五百四十八尺。乃甲己辛庚丙丁磬折形積。爲次商實。次商法以初商之闊十尺。己辛也。辛庚高同。與長十九尺辛癸。相乘得一百九十尺。辰號面積。倍之得三百八十尺。辰號及己號兩面積。以除餘積足可商一尺因有益積法。見下文。且初商之長十九尺。尚須減去次商數。初商闊爲十尺。以減長闊和二十九尺。故餘十九尺爲長。若闊加次商二尺。共爲十二尺。以減長闊和二十九尺。則長實十七尺耳。故須取畧大之數爲次商。可商二尺。於是以初商十尺自乘之一百尺。與商二尺相乘得二百尺。爲丑寅壬癸方。以益餘積五百四十八尺。所謂益積法也。因長本十

七尺。而初商作十九尺。算積減去。故此補回。得七百四十八尺爲次商二方廉辰號與巳號也。其闊皆初商之十尺。其長皆十七尺。一長廉午號是也。其長十七尺。其闊與厚皆次商二尺。共積。甲乙十三乘乙戊十三得一百四十四。再乘戊丙長十七得二千四百四十八尺。若初商闊與高皆十尺。長爲十七尺。則其積爲巳庚子丑一千七百尺。與二千四百四十八尺相減。餘七百四十八尺。豈非辰號巳號二方廉午號一長廉之共積乎。因初高長作十九尺算。多減積二百尺。遂致挹損七百四十八尺之共積。今既補還。則其積固無損矣。乃以次商二尺子壬。與初商之長十九尺庚壬。相減餘長十七尺。庚子卽戊丙。與闊十尺相乘。得一百七十尺。爲巳號面積。倍之得三百四十尺爲二方廉面積。巳號與辰號也。又

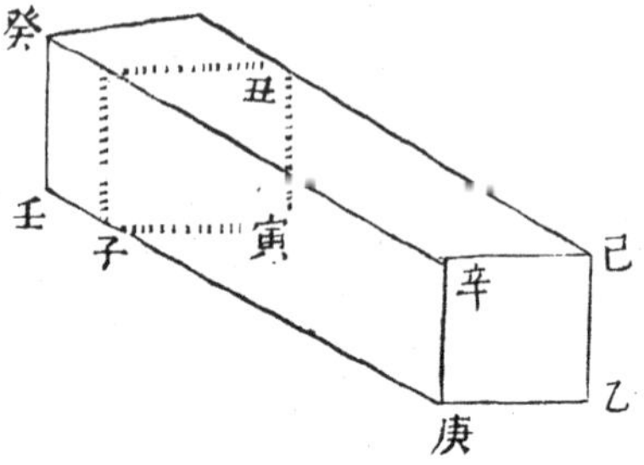

此初商形

以次商二尺。與十七尺相乘。得三十四尺。爲一長廉面積。號午合二項面積。共三百七十四尺。以次商二乘之。得七百四十八尺。與餘實相減恰盡。定二爲次商。書於下點之

此次商形

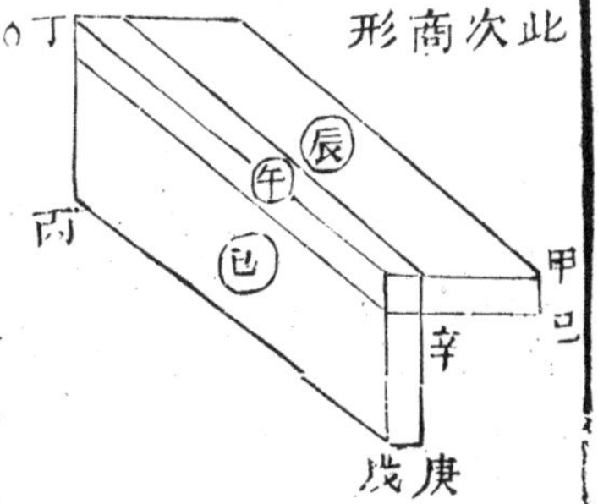

旁。按此條所帶之縱無幾。十七較十二。差五尺矣。故初商可照常定。若帶縱太多。則初商難定。故另法如左

(二)如帶一縱立方積九萬九千九百五十四尺。高闊相等。長與闊和一千二百四十三尺。問各若干 曰高闊俱九尺。長一千二百三十四尺

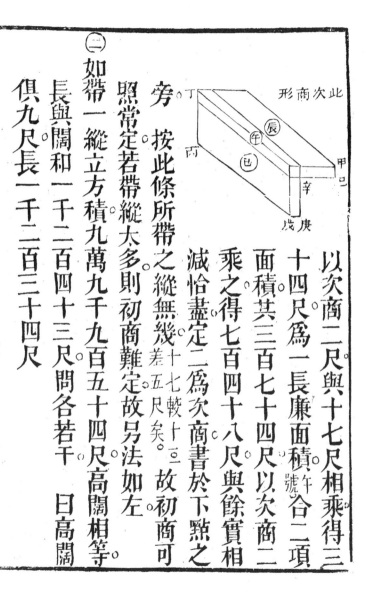

亦列實記點。常法記兩點。知初商當是十。又常法截○九九爲初商實。查立大方籌弟四行積○六四

○九九九五四
、、九
○九九九五四

少於截實。似可商四十尺。而按法四十自乘得一千六百尺。再以長一千二百○三尺長闊和一千二百四十三尺減闊四十尺則餘一千二百○三尺爲長。乘之得一百九十餘萬尺。比原實太多。雖屢改爲商三十尺。二十尺。十尺。猶多。則初商難取矣。法以長闊和一千二百四十三尺除原積九萬九千九百五十四尺。餘開方可得九尺此因所帶之縱甚多。高與闊甚少。其長闊和較長。所多無幾。故卽以長闊和當長。除原積。卽得高闊相乘面積。而開方得高闊也。高闊相乘爲面積。以長乘之爲體積。故以長除體積。而還原得面積也乃定初商九尺

爲闊亦爲高高闊相乘（即九尺自乘。）得八十一尺再以長一千二百三十四尺（長闊相和數內除闊九尺餘此爲長。）乘之得數與原積同對減恰盡定初商爲九尺書於末點尺位之傍。

㊂如帶兩縱相同之立方積六千九百一十二尺其長與闊相等高與闊和三十六尺問高闊長。曰高十二尺長闊俱二十四尺。列實記點如式截○○六爲初商實查立方大籌○○一爲初商十尺即高也（庚乙子癸等。）以減高闊和三十六尺餘二十六尺爲闊亦爲長（子丑丑庚也。）長闊相乘（即自乘。）得六百七十六

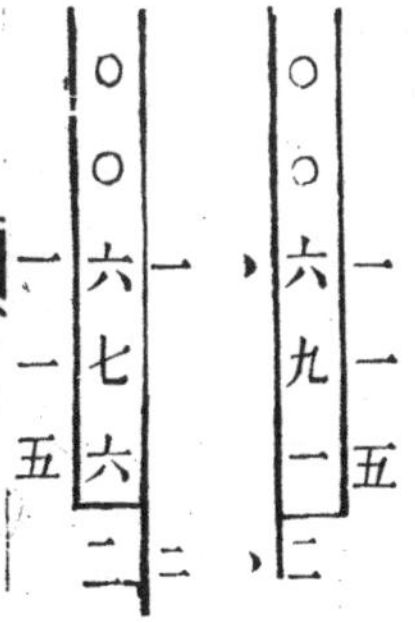

此本形

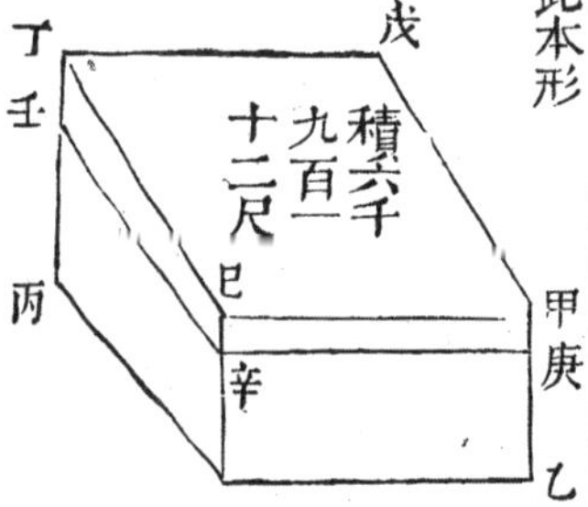

此初商形

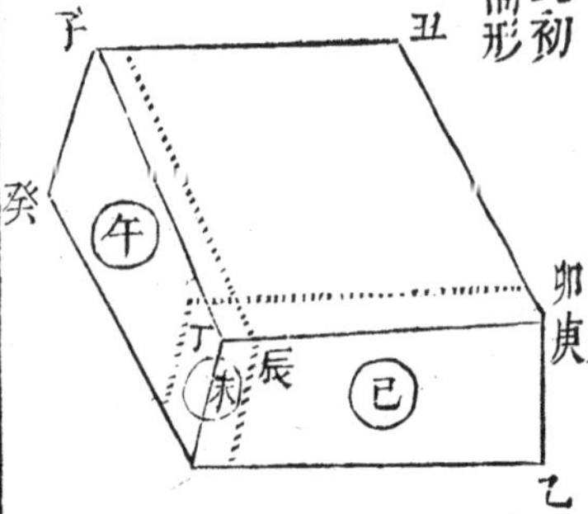

尺。又以高十尺乘之，得六千七百六十尺，以減原實，訖定一爲初商，書上點之旁。餘實一百五十二尺。　次商法以初商長闊相乘之六百七十六尺，以除餘積一百五十二尺，不足一尺，因有益積法。（見下文。）　且商之長闊二十六尺，倘須減去次商數（如丑庚之減庚卯，以合於甲戌；庚丁之減辰丁，以合於甲己），故須取畧大之數爲次商，可商二尺（甲庚己辛等）。　於是以次商二尺與長

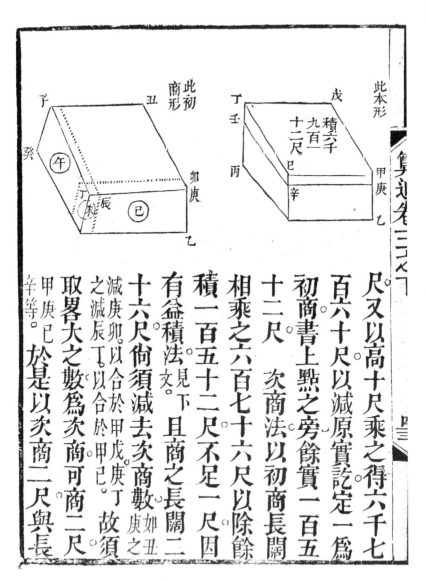

此次一商形

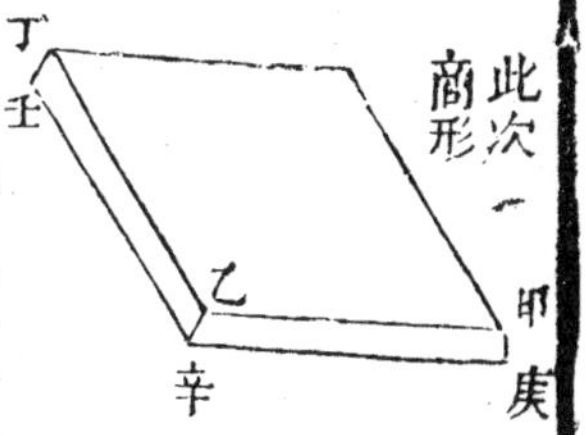

闊各二十六尺相減餘二十四尺（庚丁減辰丁。餘庚辰）與初商十尺（乙庚）相乘得二百四十尺以次商二尺（庚卯）再乘得四百八十尺（爲己號方廉積。）倍之得九百六十尺爲二方廉積（己號與午號也。）又以次商二尺自乘以初商十尺再乘得四十尺爲一長廉積（未號）合二項積共一千尺以益餘積一百五十二尺得一千一百五十二尺爲次商一方廉積（甲庚丁壬扁方形也。弟一圖本形積六千九百一十二尺若初商長闊各二十四尺自乘乘高十尺則但減積五千七百六十尺耳所餘一千一百五十二尺豈非甲庚丁壬方廉積乎因初商長闊多二尺故多減積一千尺致損此方廉之積今益囘則無損矣。）乃以長二十四尺自乘得五百七十六

尺以次商二尺再乘得一千一百五十二尺與餘實相減恰盡定二爲次商書於下點之旁

按此條所帶之縱亦無幾故初商可照常定若帶縱太多則初商難定另法如左

㊃如帶兩縱相同之立方積三百九十六萬八千〇六十四尺長與闊相等高與闊和一千尺問三色　曰高四尺長闊各九百九十六尺

列實記點照常法記三點初商當是百又常法截〇〇三爲初商實查立方大籌弟一行積〇〇一少於

〇〇三九六八〇六四

三九六八〇六四　四

截實似可商一百尺而按法相乘過大於原積法以高闊和一千尺自乘得一百萬尺以除原積足三尺取畧大數四尺爲初商因長闊之數甚多高數甚少其高闊和之一千尺比長闊之各九百九十六尺所差無幾故卽以高闊和爲長爲闊相乘得面積以除原積得高也以減高闊和一千尺餘九百九十六尺爲闊亦爲長長闊相乘卽自乘再以高四尺乘之得積與原積相符定四尺爲初商書於末點之旁

㊄如帶兩縱不同之立方積八千〇六十四尺高與闊和三十六尺高與長和四十尺問三色　曰高十二尺闊二十四尺長二十八尺

列實記點　截〇〇八爲初商
實查立方大籌第二行積〇〇
八恰符然欲得少於半和之數

一二八
〇〇八〇六四
一　二
七八四四
一三

乃退商十尺爲高庚乙以乘闊二十六尺子丑得二百六
十尺又乘長三十尺丑庚得七千八百尺與實相減訖
定一爲初商書頭點之旁餘實二百六十四尺次商
法以長三十尺乘闊二十六尺得七百八十尺子庚方面
以除餘積二百六十四尺不足一尺因仍益積且長
與闊尚各須減去次商數長減卯庚餘卯丑以合戌甲闊減辰丁餘辰庚以合
甲己故須取畧大之數爲次商可商二尺甲庚等於是以
次商二尺與長三十尺相減餘長二十八尺又以次

商二尺與闊二十六尺相減餘闊二十四尺即以闊二十四尺庚辰與高十尺庚乙相乘得二百四十尺已號長方面。又以長二十八尺癸亥與高十尺子癸相乘得二百八

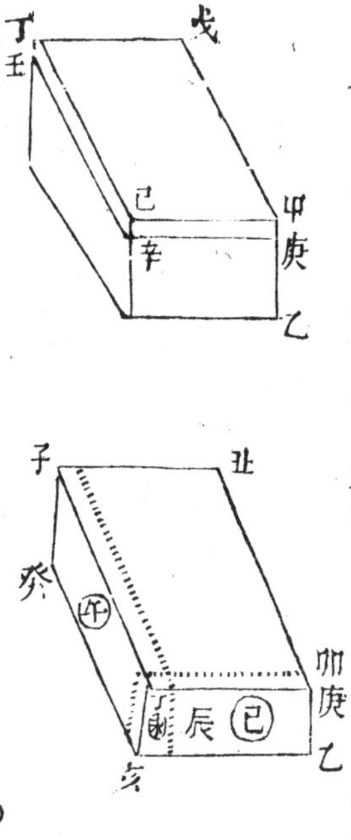

十尺午號長方面兩數併得五百二十尺以乘次商二尺得一千〇四十尺為二方廉積己午二號又以次商二尺自乘得四尺以乘初商十尺得四十尺為一長廉積未號合二積共一千〇八十尺以益餘積二百六十四

尺。得一千三百四十四尺。為一方廉積。甲庚丁壬長扁方形也。弟一圖本形積。八千〇六十四尺。初商本當減長二十八。闊二十四。高十。之體積。餘一千三百四十四尺為甲庚丁壬長扁方形積。因初商長闊各多三尺。致多減積一千〇八十尺。是揔損此扁方形積。今既益回則無所損矣。乃以闊二十四尺乘長二十八尺。得六百七十二尺。以乘次商二尺。得一千三百四十四尺。與餘實對減恰盡。定二為次商。書於末點之旁。若所帶之縱太多。可依下條法算之。

⑥如帶兩縱不同之立方積一十七萬二千六百九十二尺。高與闊和一百二十九尺。高與長和二百四十尺。問三色。曰高六尺。闊一百二十三尺。長二百三十四尺。法以兩和卽當長闊相乘為法。以除原積得

高取畧大之數以定初商倣上條理論之

附句股法四條

㊀如句股積六尺句弦較二尺求三色

法倍積得十二尺自乘得一百四十四尺以較二尺除之得七十二尺折半得三十六尺又以較二尺折半得一尺爲帶縱用帶一縱較數開立方法算之得方三尺爲句加較二尺得五尺爲弦以句除倍積得四尺爲股所以然者倍積十二尺引長之爲邊綫以句三尺除之得四若以股四尺除之得三是十二自乘乃三股（共十二尺。）乘四句（亦共十二尺。）之正平方也而可變爲句自乘（句三自乘得九尺。）乘股自乘（股四自乘得十六尺。）之長平方。何則。一句乘一股無異一股乘一句也。以均得十二也則一句乘四股卽四个一句乘一股亦無異一股乘四句也。卽四个一股乘一句則三句乘四股卽三个一句乘四股又卽十二个一句乘一股亦無異三股乘四句卽三个一股乘四句又卽十二个一股乘一句可知也。而三句共九尺乘四股。四股共十六尺卽無異句自乘亦九尺。乘股自乘股自乘亦十六之數矣。既可變為長平方則又可變為長立方。何則句自乘得九尺可扯直為邊綫與股自乘之十六尺相乘為長平方則亦可結聚為面羃與股自乘之十六尺相乘為長立方也如下圖

其以句弦較二尺除此長立方而半之者以此長立方之長十六尺乃股自乘數凡股自乘數

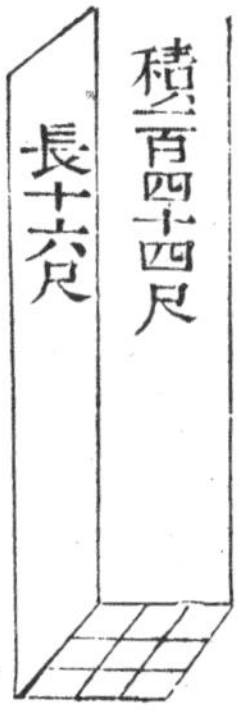

以句弦較除之即得句弦和今欲取句弦和八故以較二除之也。凡綫與綫之比例。無異面與面體與體之比例。故以二除綫十六而得綫八者。無異以二除面長十六而得面長八。亦無異以二除體長十六而得體長八也。除得之長方形如下圖。

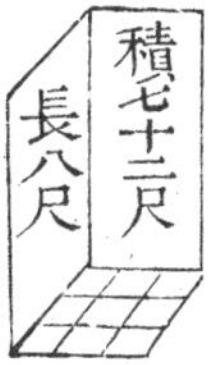

方底仍前而長減一半蓋長八尺乃句弦和也其所以取句弦和何也以句弦和即二句六尺二句弦較二尺共數也於是折半如下圖。

方底仍前而長減一半乃一句三尺半句弦較一尺之共數乙丙丁戊立方三尺也其邊為句甲乙帶縱也即半句較一尺

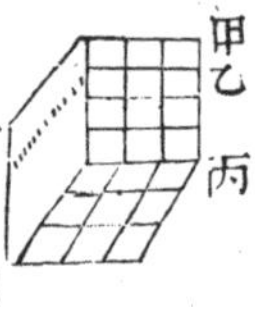

㈡如句股積六尺股弦較一尺求三色

法倍積自乘得一百四十四尺乃方四尺股自乘之冪也長九尺句自乘數之長立方體積以較一除之如故折半為方四尺長四尺五寸之長立方體積其長為一股與半句弦較之其數餘倣上條

㈢如句股積六尺句弦和八尺求三色

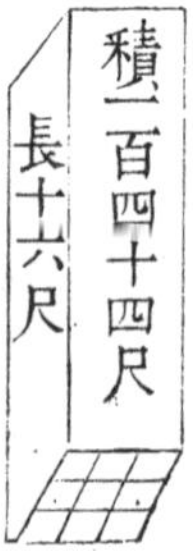

法倍積十二尺自乘得一百四十四尺為長立方體以句弦和

八尺除之得十八尺爲扁方體其高爲

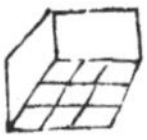折半得九尺爲極扁方體

半句弦較一尺乃以句弦和八尺折半得四尺爲高

一尺與闊句三尺和用帶兩縱相同和數立方法算之得

方邊三尺爲句於和內減之餘五尺爲弦以句除倍

積得四尺爲股倣弟一條法論之

㊃如句股積六尺股弦和九尺求三色

法倍積自乘得一百四十四尺乃方四尺股自乘冪長九

尺句自乘數之長立方體積以和九尺除之得一十六尺

折半得八尺爲扁方體積其高五寸乃以和折半得

四尺五寸爲高與底闊之共數餘倣上條

開三乘方

平方形如棋局立方形如骰子三乘方形有二一曰平形乃大平方也如井十爲通通十爲成成方十里此爲十里自乘得積一百里也成十爲終此爲十里再乘得積一千里乃長平方也終十爲同此爲十里三乘得積一萬里也同方百里其成方十里爲自乘小平方同方百里乃三乘大平方也一曰立形乃長立方也如二自乘得平方四再乘得立方八三乘得長立方十六立方如將八骰子每面堆二个高堆二个長立方如將十六骰子每面堆二个高堆四个也四乘方已下以此推之按平方兩廉只一樣立方六廉分兩樣三平廉三長廉三乘方十四廉分三樣古分弟一樣廉爲方法弟二樣廉爲上廉

弟三樣廉爲下廉今從梅定九但分一廉二廉三廉其廉率皆天然所生如下圖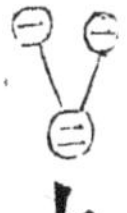上兩一生下二上一二生下三上兩三生下六之類是也

圖最上層書一者本數也如一尺或一百尺或一萬尺之類有方而無廉隅者也下文俱只舉一百尺言之次層並列一一者卽十一也左一爲十尺乃初商右一爲一尺乃次商也謂之方邊有邊則有冪弟三層並列一二一者一百二十一尺也乃平方邊一十一尺之冪積左一百尺爲方乃初商十尺之自乘中二十尺爲兩廉乃初商十尺與次商一尺相乘二因所得右一尺爲隅乃次商一尺之自乘也弟四層並列一三三一者一千三百三

廉率圖

右邊次商諸一卽隅也

左邊方商諸一卽方也

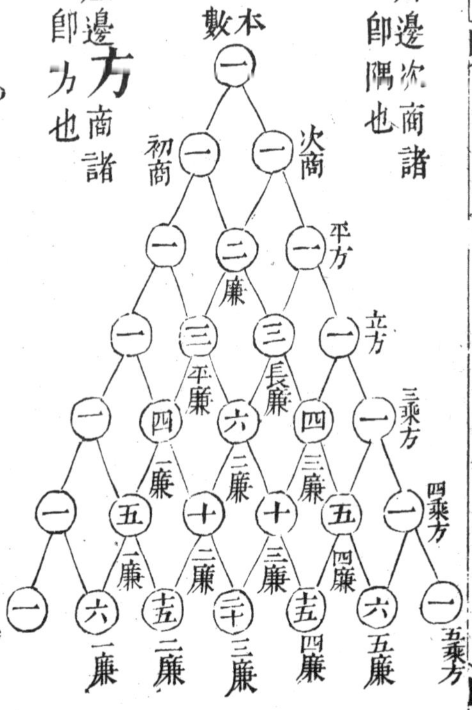

十一尺也乃立方邊一十一尺之體積左一千尺爲方體初商一十尺自乘再乘之積也中三百三十尺內三平廉積三百尺乃初商一十尺自乘乘次商一尺三因所得三長廉積三十尺乃次商一尺自乘乘

初商十尺三因所得也右一尺爲隅體乃次商自乘再乘之積也弟五層並列一四六四一者一萬四千六百四十一尺也乃三乘方邊一十一尺之冪積左一萬尺爲方初商一十尺自乘再乘三乘之積也中四千六百四十尺其四千尺乃弟一廉積則初商十尺再乘乘次商一尺四因所得其六百尺乃弟二廉積則初商十尺自乘與次商一尺自乘相乘六因所得其四十尺乃弟三廉積則次商一尺再乘乘初商十尺四因所得也右一尺爲隅乃次商一自乘再乘三乘之積也四乘方以下倣此論之詳梅定九少廣拾遺中試爲平形三乘方圖明之

甲庚甲寅並一百二十一尺乃方十一尺自乘再乘三乘之大方也其積一萬四千六百四十一尺甲癸癸未並一百尺乃商十尺自乘再乘三乘之方也其積一萬尺癸申未丙二長方各長一百尺闊二十尺

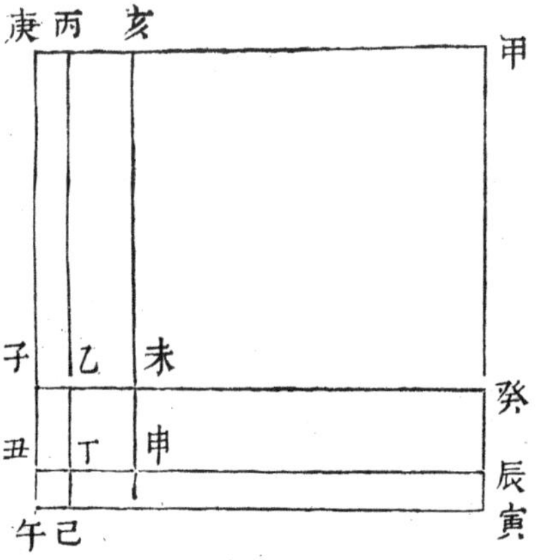

共積四千尺即弟一廉積也又未丁方二十尺自乘得四百尺而辰酉丙子二長方並長一百尺闊一尺共積二百尺合之共積六百尺即弟二廉積也又申已丁子二長方並長二十尺闊一尺其積四十尺即

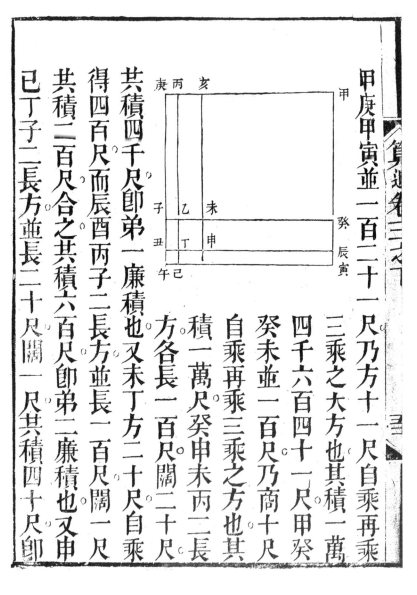

弟三廉積也又丁午方一尺爲隅合之共積一萬四千六百四十一尺又爲立形三乘方圖明之

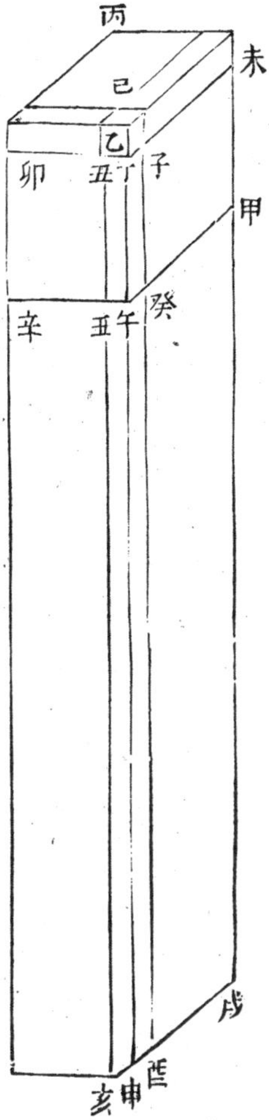

甲酉辛亥皆弟一廉也丙巳未癸辛丑皆弟二廉也未巳卯巳子壬皆弟三廉也巳丁隅也尙有方一弟一廉一隱於中故又爲分形圖明之

分圖

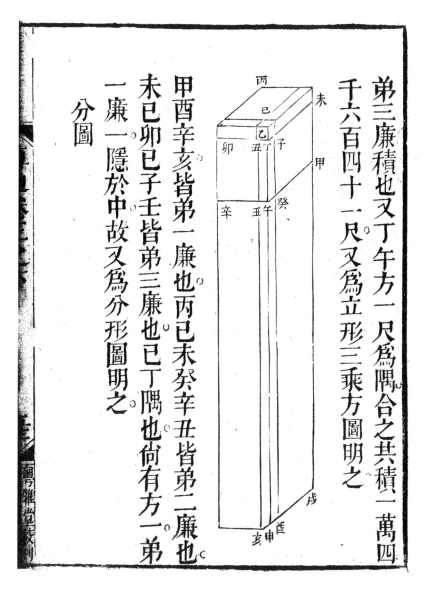

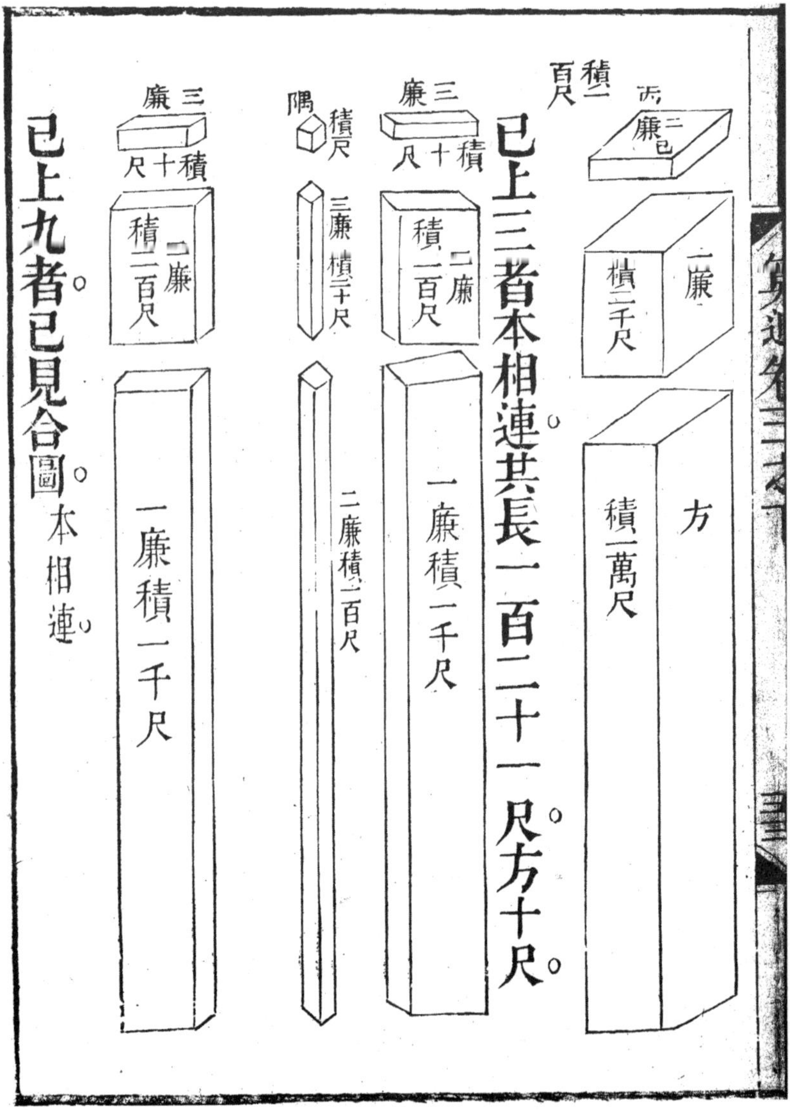

已上三者本相連。共長一百二十一尺。方十尺。

已上九者已見合圖。本相連。

㊀今有三乘方積二千〇一十五萬一千一百二十一尺

問方根若干

法列實記點（每隔三位記一點。以三乘方乃截實四位爲一商故也。）倣平方立方法。以三乘方大籌定初商。

三乘方大籌式

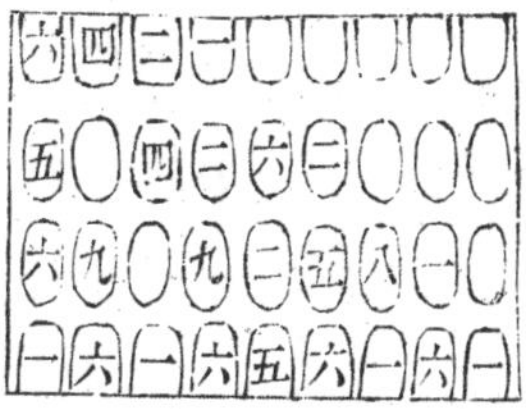

記二點。知初商是十。查三乘方大籌弟六行積一千二百九十六萬尺。畧少於實。錄減訖。六爲初商。餘實

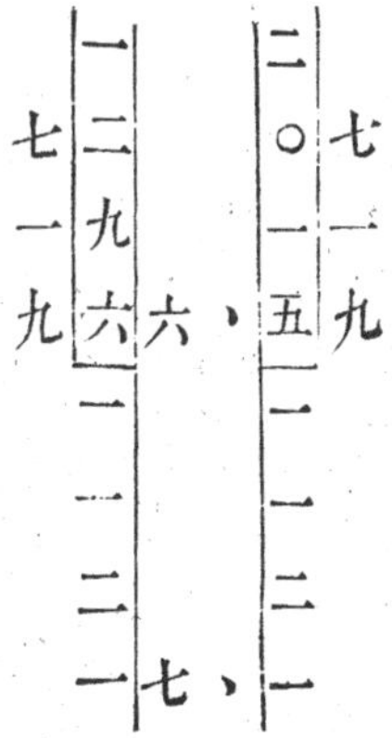

七百一十九萬一千一百二十一尺。次商法取立方大籌照初商六十。查弟六行積係二十

一萬六千尺以弟一廉率四因之得八十六萬四千尺○又照初商六十取平方大籌查弟六行積係三千六百尺以弟二廉率六因之得二萬一千六百尺又次商七尺以因二萬一千六百尺得一十五萬一千二百尺○又照次商七尺查平方大籌弟七行積係四十九尺即換四九籌照初商六十查其弟六行積係一千九百四十尺以弟三廉率四因之得一萬一千七百六十尺併三廉泛積共二百○二萬六千九百六十尺以次商七尺因之得定積七百一十八萬八千七百二十尺又照次商七尺取三乘方大籌看其弟七行隅積係二千四百○一尺併得七百一

十九萬一千一百二十一尺減實恰盡。
一法以平方法開二次卽得
(一)又有三乘方積二億四千四百一十四萬○六百二十五尺問方根若干。曰一百二十五尺
法列實隔三位記一點計記三點知初商是百頭點上缺三位故於實首加三○以補之查三乘方大籌弟一行○○○一畧少於實錄減訖定一爲初商餘實一億四千四百一十四萬○六百二十五尺　次商法照初商一百尺查立方籌弟一行積係一百萬

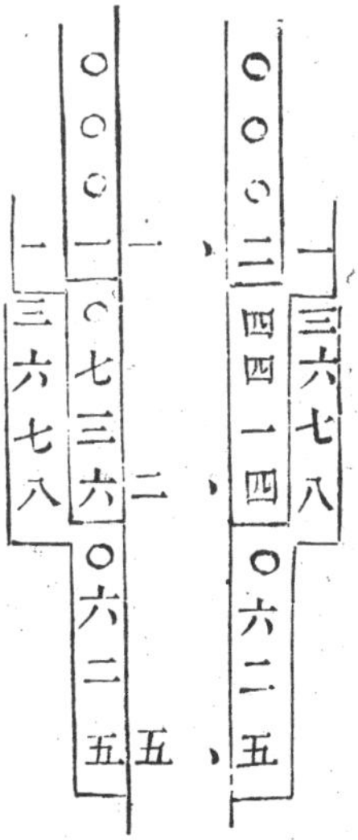

以弟一廉率四因之得四百萬又照初商一百尺查平方籌弟一行積係一萬尺以弟二廉率六因之得六萬尺而次商二十尺以因之得一百二十萬尺又照次商一十尺查平方籌弟二行積係四百尺卽換用弟四籌照初商一百尺查其弟一行係四萬尺以弟三廉率四因之得一十六萬尺併三廉泛積共五百三十六萬尺以次商二十尺因之得定積一億○七百二十萬又照次商二十尺查三乘方大籌弟二行隅積係一十六萬併入三廉定積共一億○七百三十六萬錄減訖定二爲次商餘實三千六百七十八萬○六百二十五尺　三商法查實末係五字此

五字在三乘方大籌弟五行。卽以五爲三商。將初次商一百二十尺自乘再乘得一百七十二萬八千尺。與弟一廉率四相乘得六百九十一萬二千尺。又將初次商一百二十尺自乘得一萬四千四百尺。與弟二廉率六相乘得八萬六千四百尺。又與弟三商五尺相乘得四十三萬二千尺。又將三商五尺自乘得二十五尺。以乘初次商一百二十尺。得三千尺。以弟三廉率四乘之。得一萬二千尺。併三廉泛積共七百三十五萬六千尺。以三商五尺乘得定積三千六百七十八萬尺。又照三商五尺查三乘方大籌弟五行。隅積係六百二十五尺。併入三廉定積共三千六百七十八萬〇六百二十五尺。減餘實恰盡。

算迪卷三之下

譚瑩玉生覆校

算迪卷四

直線體

南海　何夢瑤　報之撰

(一)如正方體。每邊二尺。其積十六尺。今倍其積。問得方邊若干。曰二尺五寸一分餘。

法照開立方。

若將前積八倍之。問方邊。則答曰四尺。

法以原邊二尺倍之。卽得。蓋此因兩體積之比例。比之兩界之比例。爲連比例隔二位相加之比例也。爲圖明之。

兩界邊四。比邊二。爲二比一。兩積六十四。比三十二。與三十二比十六。又十六比八。與八比四。亦皆二比一之連比例。而六十四之比八。其間隔三十二與十六之兩位。故爲連比例隔二位相加之比例也。

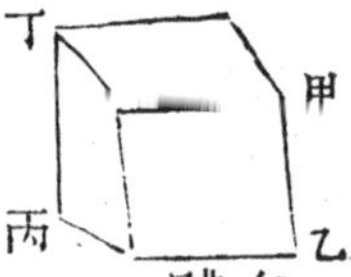

每邊二尺
體積八尺

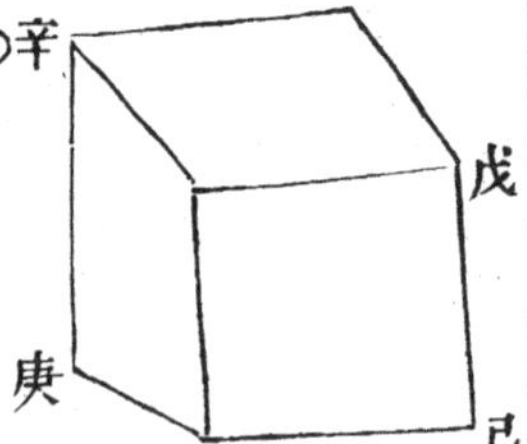

每邊四尺體
積六十四尺

㊂如長方體。長一尺二寸。闊八寸。高四寸。今將其積倍之。仍與原形爲同式形。問各邊。曰長一尺五寸一分一釐餘。闊一尺零七釐餘。高五寸零三釐餘。

法任先求長以原長自乘再乘。化元闊與高皆同於長矣。得積一尺七百二十八寸。倍之得三尺四百五十六寸。問立方得今長數。乃以原長一尺二寸為一率。此二率原闊八寸。若三率今長與四率今闊也。求高闊倣此

㊂若八倍前積。問各邊。則但于原各邊加倍即得。

㊃如甲乙丙丁戊己塹堵形。闊五尺。乙丙戊己長十二尺。丙己乙戊。高七尺。甲乙丁戊。問積。曰二百一十尺。

法以長乘闊再乘高得長方積。折半即得。

芻甍體同。

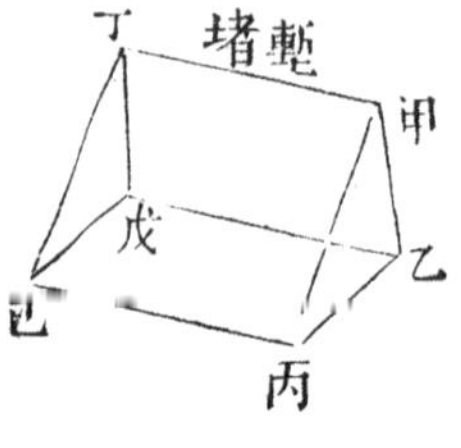

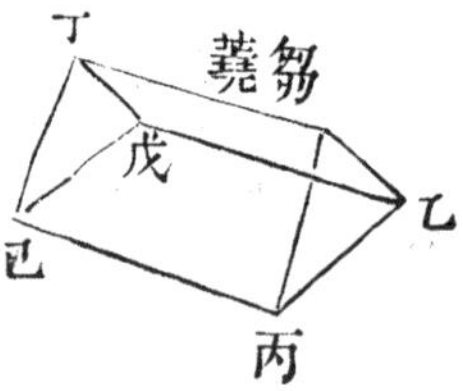

（五）如方底尖體形。舊名方錐底方五尺。自尖至四角之斜線皆六尺。問尖至底中之垂線長若干。曰四尺八寸四分七釐六毫八絲弱。

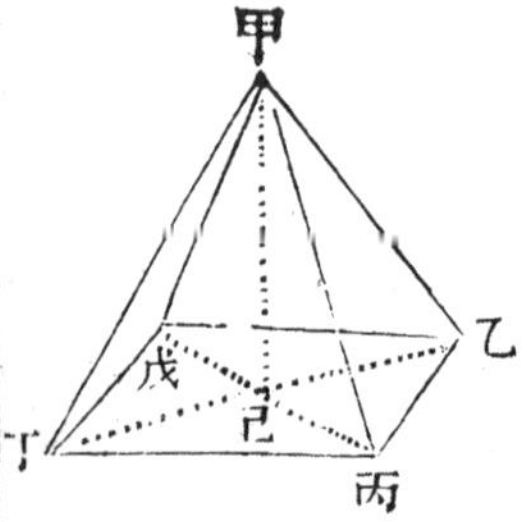

法以底方乙丙五尺爲股。丙丁五尺爲句。求得乙丁斜弦七尺零七分一釐零六絲餘。折半得乙己三尺五寸三分五釐五毫三絲餘。又

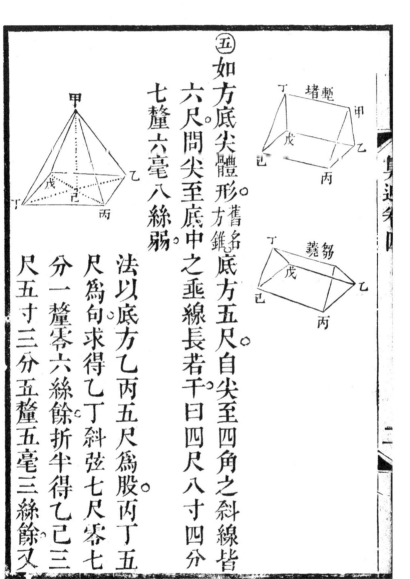

爲句。原斜線甲乙六尺爲弦。用句弦求股法。求得甲
己中垂線。
⑥又方底尖體形。底方六尺。高三尺。問積。曰三十六尺。
法以底方。自乘得三十六尺。又以高三尺乘之得扁
方體。積一百零八尺。三歸之。得尖體積。試倍高得六
尺。乘底積。則爲正方體。其積與六尖體等。則半之爲
扁方體。其積必與三尖積等矣。所以然者正方體。以
戊尖爲中心。戊心去上下四旁之心。並如高三尺。上
下四旁並如底六尺。由心
出線至甲乙丙丁己庚辛
壬八角。則成六个尖體。其

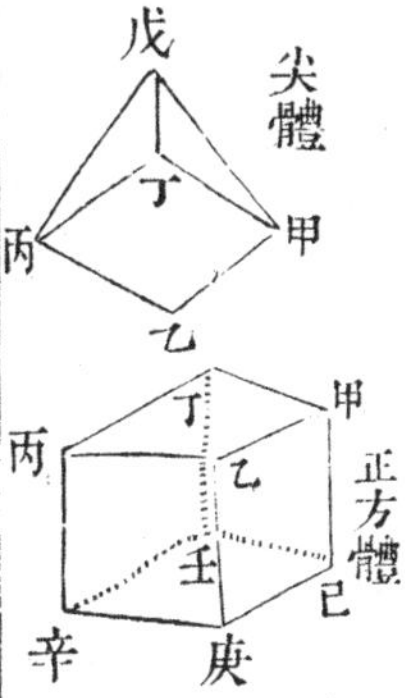

高既等底又等則積必等合六个尖體積以成正方體則半正方積之爲三个尖體積可知矣

（七）如陽馬形底方六尺高同問積曰七十二尺

法以方邊六尺自乘再乘高得二百一十六尺三歸之即得蓋與上方底尖體形無異彼尖居中此尖在隅形雖異而積同皆得方體三分之一也

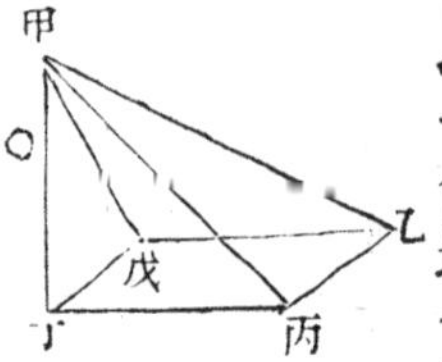

（八）如鼈臑形底如句股長（如股）闊（如句）俱六尺高如之問積

曰三十六尺

法以長乘闊再乘高得二百一十六尺六歸之即得

蓋此底即前陽馬形之方底剖去一半而爲句股形

底也。故六歸之。正方形積。平分之則爲堵塹與芻

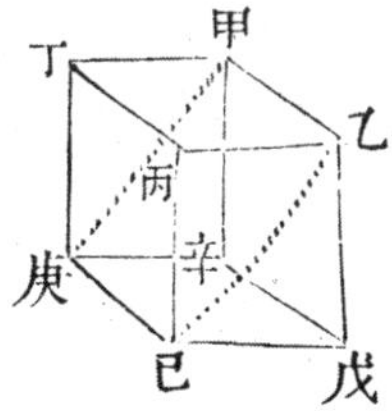

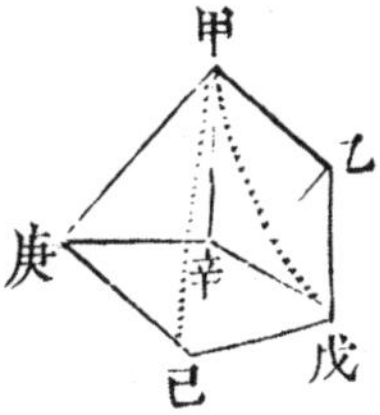

甍積。三分之。則爲方尖底形。與陽馬積。六分之。則爲鼈臑積。試作甲乙丙丁戊己庚辛一正方體。從乙己甲庚作對角線。依線剖之。得塹堵形二。又以乙戊己甲辛庚塹堵形。作甲戊甲己線。依線剖之。則得甲戊己庚辛陽馬形。一甲乙戊己鼈臑形。一是一塹堵得三鼈臑也。一陽馬分兩鼈臑。則兩塹堵合成正方。非六鼈臑乎。

⑨如上下不等正方體形。（卽方窖形。）上方每邊四尺。下方每邊六尺。高八尺。問積。曰二百零二尺六百六十六寸餘。

法以上方四尺。自乘得一十六尺。如甲小方面積。又以下方六尺。自乘得三十六尺。如乙大方面積。又以上方四尺。乘下方六尺。得二十四尺。如丙長方面積。併三數。得七十六尺。以高八尺乘之。得六百零八尺。成甲小方體積一。乙大方體積一。丙長方體積一。三歸之。得積。所以然者。乙體從點線直剖去四旁廉及四隅。所餘中體。卽同甲體矣。丙體亦照點線剖去兩旁廉。所餘中體亦同甲體矣。甲體四旁各加一塹堵形。（長四尺。闊一尺。高八尺。）四隅各加一陽馬形。（底方一尺。高八尺。）卽成

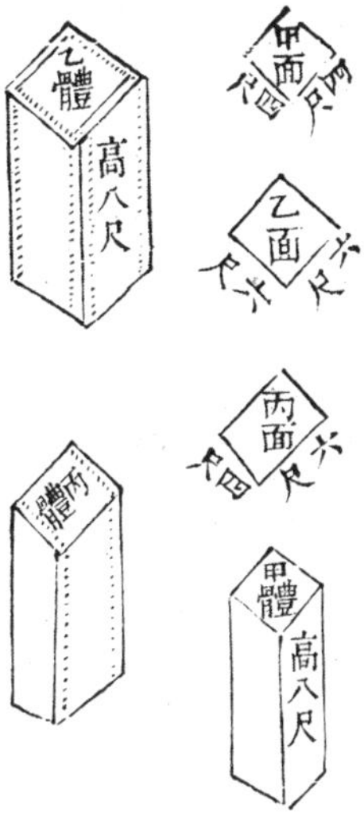

前項上下不等正方體形。然則三箇甲體積。各加四塹堵。共十二塹堵。各加四陽馬。共十二陽馬。即成三个前項上下不等正方形。而六旁廉。非即十二塹堵。四隅體。非即十二个陽馬乎。故三歸而得積也。

又法。將前項上下不等正方體形。甲乙丙丁變爲方底尖體形。甲乙丙丁戊照方底尖體取積法。求得丙丁戊大尖體積二百八十八尺。又求得甲乙戊小尖體積八十五尺三百三十三寸。餘乃相減。餘即其積也。　變形

法以上方與下方相減餘二尺折半爲一率高八尺爲二率下方六尺折半爲三率求四率得戊尖至底心之高

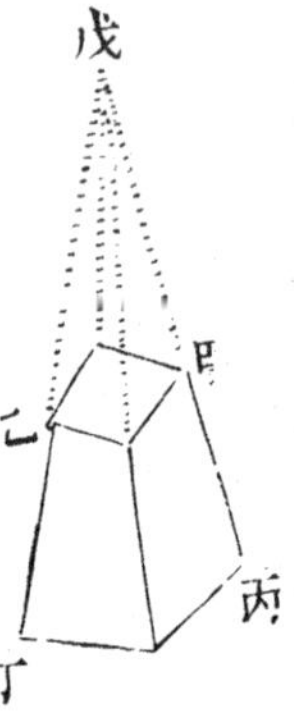

⑩如上下不等長方體形上方長四尺闊三尺下方長八尺闊六尺高十尺問積　曰二百八十尺

法以上長乘上闊得十二尺倍之得二十四尺　又以下長乘下闊得四十八尺倍之得九十六尺　又以上闊乘下長得二十四尺　又以上長乘下闊得二十四尺併四數得一百六十八尺以乘高十尺得一千六百八十尺六歸之卽得所以然者戊丁上長

乘甲戊上闊得甲戊丁庚長方面形倍之爲二面已丙下長乘乙已下闊得乙已丙辛長方面形倍之爲二面甲戊上闊(癸即壬)乘已丙(子即癸)下長得壬癸丑子長方面形又甲庚上長(午即寅)乘乙已下闊(卯即寅)得寅卯午辰長方面形併此六長方面積以乘高十尺得六長方體形

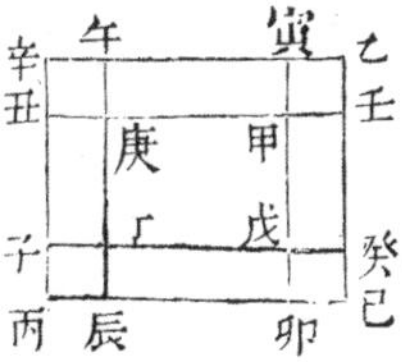

其上下方面爲甲戊庚丁者二爲乙已丙辛者二爲壬癸子丑者一爲寅卯辰午者一其二乙已丙辛長方體比二甲戊丁庚體多二壬戊二戊辰二庚子二寅庚共八旁廉體又多二乙甲二癸卯二丁丙二午丑共八隅體而壬癸子丑長方體比甲戊丁庚長方

體多一壬戊一庚子共二旁廉體又寅卯長午長方體此甲戊丁庚體多一寅庚一戊辰共二旁廉體若將所多之廉隅削去則此六長方體之上下方面皆如甲戊丁庚乃以一旁廉體變爲二塹堵體一隅體變爲三陽馬體共得二十四塹堵體二十四陽馬體以加六長方體皆成上下不等長方體故以六歸而得之也

捷法倍上長得八尺加下長八尺共十六尺以乘上闊得四十八尺此即上法以上長乘闊倍之又以下長乘上闊也又倍下長得十六尺加上長四尺共二十尺以乘下闊得一百二十尺併兩數以乘高六歸之　又法倣前條又法

算之。

(十一)如上下不等芻甍體形。上長甲戊十尺。下長丙丁十四尺。下闊乙丙五尺。高十二尺。甲之垂線問積。　曰三百八十尺

法以上長甲戊即子丑。乘下闊乙丙。得五十尺爲底子午丑辛以乘高甲之垂線。得六百尺。折半得三百尺。爲上下相等芻甍體積。又以上長與下長相減。餘四尺。即丙子合丑丁。以乘下闊。爲底。與高相乘。得二百四十尺。三歸之得八十尺。爲方底尖體積。合二積。共三百八十尺即是

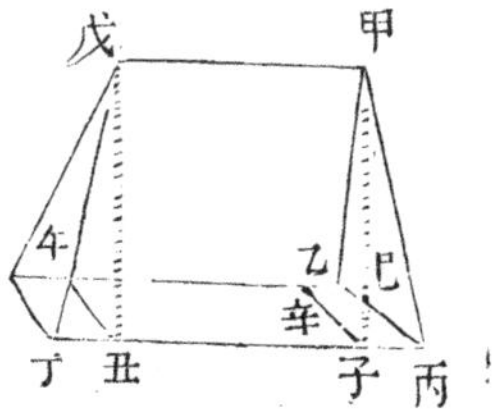

(十二)如兩兩平行邊。斜長方體形。底長丙丁二尺四寸。闊乙丙八

寸高戊丙。三尺七寸。問積。　曰七尺一百零四寸。

法以長丙丁。乘闊乙丙。得乙丁底一尺九十二寸。以乘高戊丙。得七尺一百零四寸。為己乙丙丁午壬正長方體積。即同斜長方體積也。

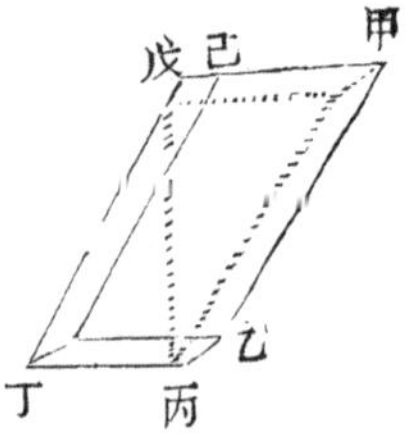

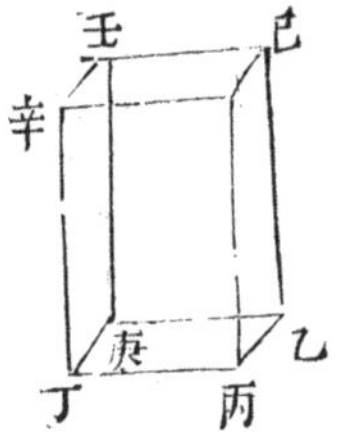

凡彼此俱兩兩平行。而底積同。高又同者。不論體之斜正。皆同積。

(十三)如空心正方體。厚二寸。積一千二百一十六寸。問內外方邊。　曰內方邊八寸。外方邊一尺二寸。

法以厚二寸甲丑。自乘再乘得八寸。為隅。八因之得六十四寸。八隅。與共積一千二百一十六寸相減。餘上下四方六旁廉體積。一千一百五十二寸。六歸之。得一旁廉體積。一百九十二寸。用厚二寸除之。得一旁廉面積。九十六寸。為內方邊與外方邊相乘長方面積。如壬癸之乘戊辛也。乃以厚二寸倍之。得四寸。即丑戊加辛申。為長闊之較。壬癸即辰己闊也。丑申長也。用帶縱較數開平方法算之。得闊八寸。即內方邊。如戊辛。加四寸。得一尺二寸。即外方邊也。如甲乙。蓋正方體去八隅所餘六廉上下均如壬癸戊辛前後均如丑寅卯子。左右均如辰己午未也。

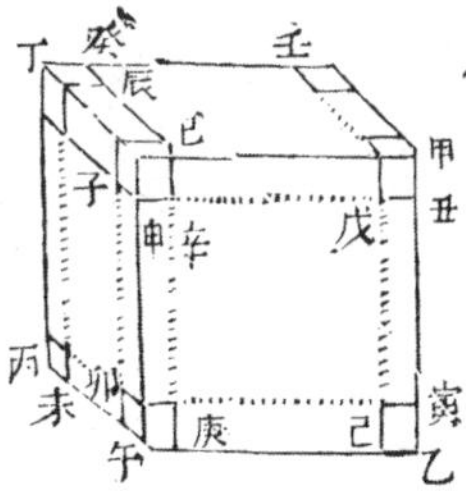

又法倍厚二寸。得四寸。自乘再乘得六十四寸。為隅

體己。與積相減。餘一千一百五十二寸。爲三方廉體子癸丑。三長廉體辰寅卯。三歸之得三百八十四寸。爲一長方體積。一方廉合一長廉也。以厚四寸除之得九十六寸。爲長方面積甲乙未庚。以內外方邊之較四寸。爲長闊之較。用帶縱數開平方法算之。

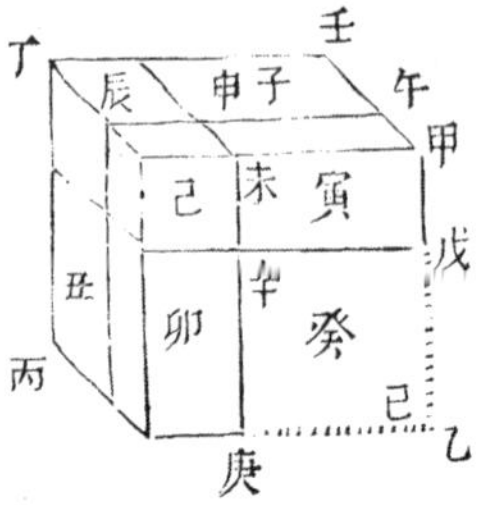

⑭如大小兩正方體。大邊比小邊多四寸。積多二千三百六十八寸。問大小邊。　曰大邊十六尺。小邊十二尺。法同上條。又法。蓋此之小方體。即上條之空心方耳。

⑮如大小二正方體。共邊二十四尺。共積四千六百零八尺。問各邊各積。　曰小方邊八尺。積五百一十二尺。

大方邊十六尺。積四千零九十六尺。

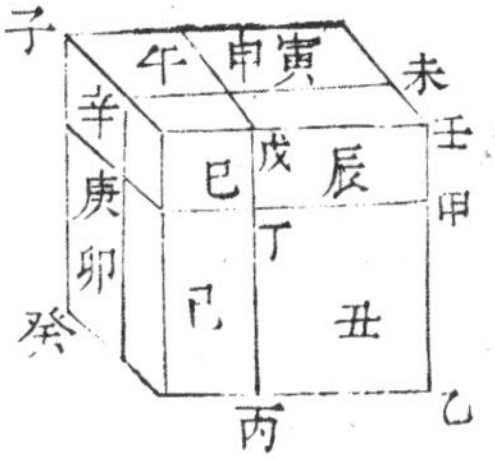

法以共邊壬乙二十四尺。自乘再乘。得一萬三千八百二十四尺。內減丑正方己隅方共積四千六百零八尺。餘九千二百一十六尺。三歸之。得三千零七十二尺。以共邊二十四尺除之。得一百二十八尺。爲長方面積。乃以共邊二十四尺爲長闊和。用帶縱和數開平方法算之。得闊八尺。卽小邊。而餘可知。

曲線體

(一)如甲乙丙丁長員體。徑與高皆七尺。問積。　曰二百六

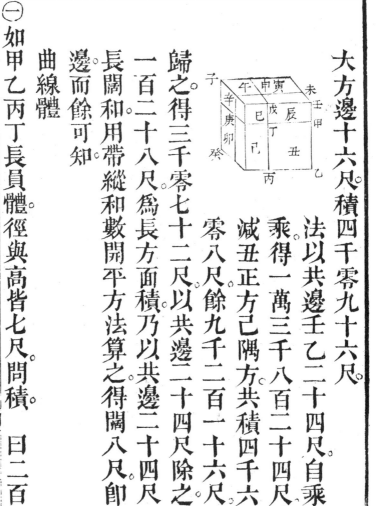

十九尺三百九十一寸五百六十九分弱。

法以徑求得周。周徑各折半相乘得平員面積。以高乘之得長員體積。　或以半徑乘全周再乘高乃折半亦可。蓋乙丙員周引直則變爲長方形之戊辛與半徑乙子即癸戊相乘即得癸辛同面積折半得癸申平面積即爲乙丙平員面積以癸申平面積乘高甲乙即戊己得癸午方體積即爲甲乙丙丁長員體積乃

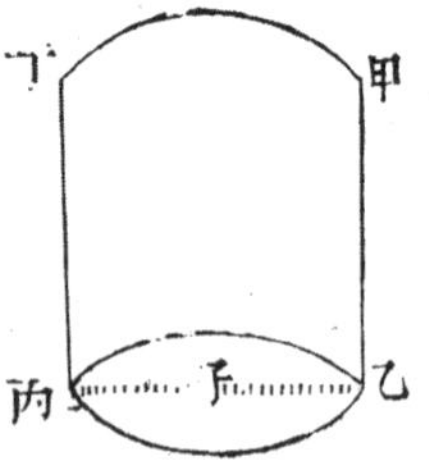

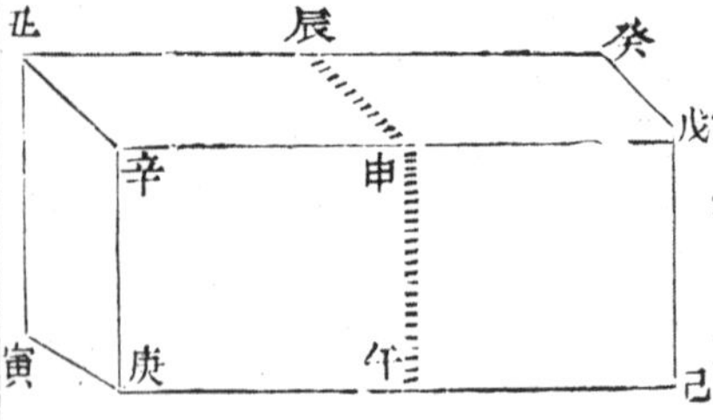

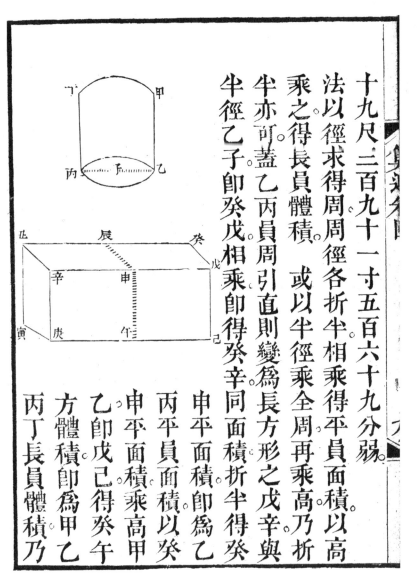

正法也若不折半而用癸辛面積以乘戊己高得癸庚長方體積與兩个甲乙丙丁長員體積等爰折半以取實數乃又法也一而已矣

一法用方員同根異積比例以方體積一〇〇〇〇〇〇〇〇爲一率長員體積〇七八五三九八一六爲二率今徑自乘再乘高得三百四十三尺爲三率求得四率卽是

㊁如甲乙丙丁戊尖員體底徑丁乙六尺中高甲己庚乙卽六尺求積　曰五十六尺五百四十八寸六百六十七分七百三十六釐有餘

法照上條先求出庚乙辛丁長員體積三歸之卽得

蓋長員體與尖員體徑同。高同。則尖員體必得長員體積三分之一也。以尖方體得正方體三分之一。例之。詳直線體篇第六條。可見矣。蓋凡底面平行體如下圖。甲乙丙丁面與戊己庚辛底。甲至戊。乙至己。丙至庚。丁至辛。其度皆相等。謂之底面平行。與平底尖體但底積同高又同。則不論是何面形。或方或三角或員皆然也。其尖體皆得底面平行體三分之一。如下圖

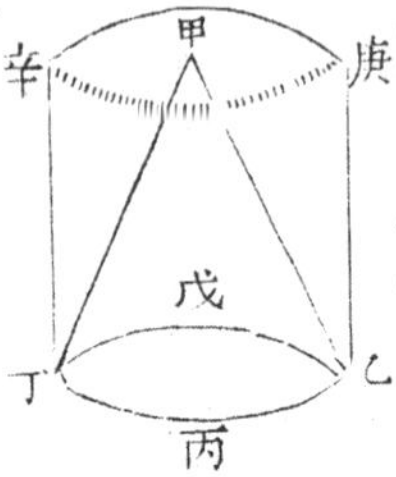

二者底皆四角

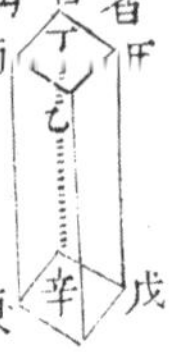

尖體得方體三分之一

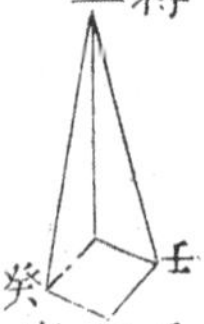

壬癸底與戊寅底積同

二者底皆三角

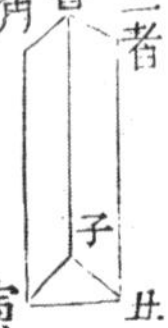

子丑寅與午未申積同

尖體得方體三分之一

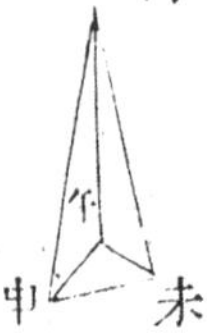

下二者即上二者之半。可相比例。蓋全與全若半與半也。觀此則底之

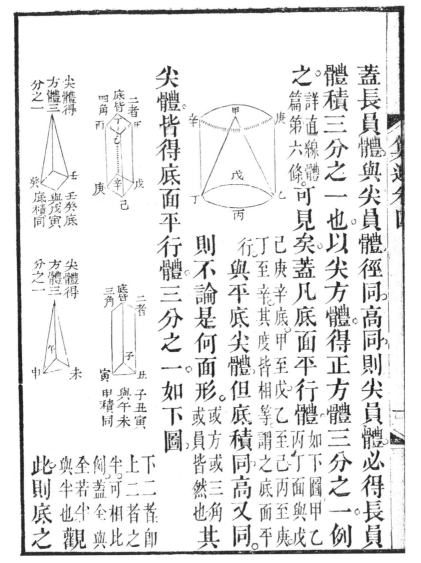

爲五角六角多多角。以至於員但積同、則底面平行體。與尖體。其三與一之比例皆然可知矣

又法用方員同根異積比例。以尖方體積一〇〇〇〇〇〇〇〇〇爲一率。尖員體積〇七八五三九八一六三爲二率。今徑自乘乘高三歸之爲三率。求得四率。卽是

又捷法以長方體積一〇〇〇〇〇〇〇〇〇爲一率。尖員體積〇二六一七九九三八八爲一率。今徑自乘復乘高爲三率。求得四率。卽是

③如尖員體底周二十二尺。自尖至底周之斜線。甲乙等五尺。求中垂線。甲己。

法以乙丙丁戊周。求出乙丁徑。折半得乙己。爲句。以斜線甲乙。爲弦。求得股甲己。卽是。借上圖。

④如員球徑二尺。問外面積。外皮之面積也。　曰一十二尺五十六寸六十三分七十釐有餘。

法以徑二尺。求得周六尺二寸八分三釐一毫八絲五忽有餘。與徑二尺。卽高。相乘。爲戊己庚辛長員體外面積。卽甲乙丙丁員球外面積也。詳下第五條。　又平員半徑。與員球半徑等者。平員面積。得員球皮面積四分之一。

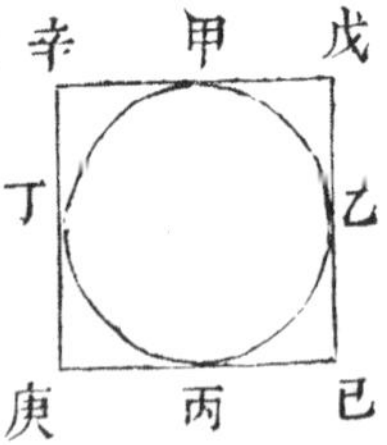

亦詳下第五條。故平員面求積。以周徑相乘。四歸得積。

⑤如員球徑一尺二寸。問積。　曰九百零四寸七百七十

八分六百八十二釐有餘。

法以徑求出面積。復以徑爲高乘之得戊己辛庚長員體積。三歸而二因之。卽得甲乙丙丁球積。圖借上蓋球體積得長員體積三分之二也。下文尖員體高等球半徑。底等球皮積。其體積與球積等。則尖員體高等球半徑底等球皮積四分之一。其體積必爲球積四分之一。尖員體高等球全徑。底等球皮積四分之一。其體積必爲球積二分之一矣。夫尖員體原得長員體三分之一。加倍成球體。豈非得長員體三分之二乎。○愚按球體積。得長員體積三分之二。恐不然。如庚己丙辛半長員體。己丙徑二尺。則周爲六二八三一八五。周徑各折半。相乘得一員面積三一四一五九二六。以庚己高

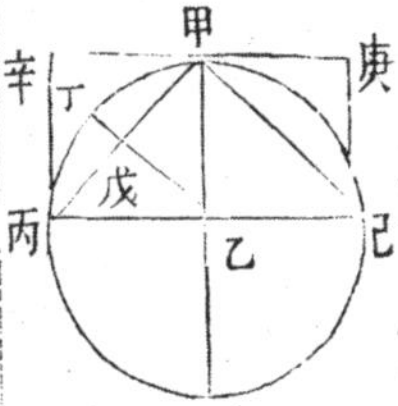

一尺乘之。如故。三歸之。得甲己丙尖員體積一零四七一九七五。夫甲己丙半球體。旣爲庚己辛丙半長體三分之二。則是甲己丙尖員體與甲丙及甲己弧矢體積。皆三分之一也。而此弧矢體積不及尖員體積一五。何者。試以員面積

三一四一五九二六。分之爲四。得甲乙丙丁形面積七八五三九八。又以半徑甲乙乘乙丙。得一尺。半之得甲乙丙三角形面積五。二積相減餘甲丁。丙弧矢面積。二八五三九八以周折半乘之。止得八九六六。不及尖員體積一五。況乙戊半徑所作內周。又小于乙丙半徑所作外周。今但以外周乘之尚不及。若以內外周併相乘之。益不及矣。故恐不然也。

又法。先求球外面積。法如上條。以爲己庚辛壬癸尖員體之庚辛壬癸底。以員球半徑甲丁六寸爲尖員體之己子高。高與底相乘得長員體積。三歸之得尖員體積。詳上第二條。卽員球體積也。何則球體外面積與尖員體之底積等。而球之半徑又與尖員體之高等則二體之積必等。試將甲乙丙戊員球體分爲千萬尖體又將己庚辛壬癸尖員體亦分爲千萬尖體則二體

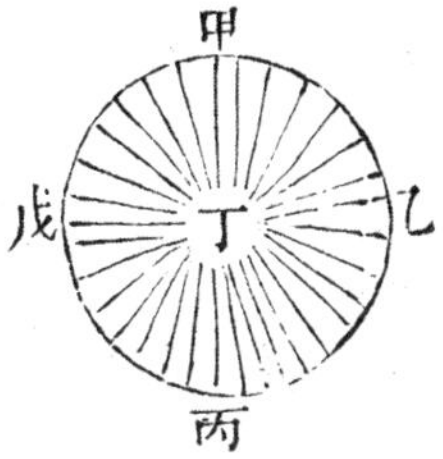

所分之尖體。每一分必相等。蓋同底。尖員體之底積既與球體外面積等則各分為尖體之底亦必等也。同高。己子等甲子也。必同積也。或問員球所分各尖體。皆以半徑為高。而尖員體所分各尖體。惟中央正立一尖體高與員球半徑等。其餘皆斜立而漸長。何云同高。曰。幾何原本謂。凡兩平行線。如下圖甲己乙辛二線。己至辛甲至乙相等為平行。丙同底所成之四邊形。一為丁丙乙甲。一為己丙乙戊。皆以丙乙為底。其面積必等。如下圖。甲乙戊三角形。與丁丙己三角形。為同式。各減去同用之戊丁庚。則所餘甲乙庚丁及戊庚丙己

二形必相等。又各加入同用之庚乙丙。是丁丙。乙甲

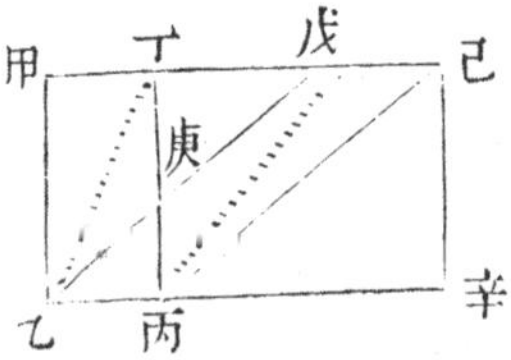

正方固與己丙乙戊斜方等矣。方形既
等。則丁丙乙與戊乙丙兩三角形亦必
等。蓋三角形得方形一半。全與全若半
與半也。又面與面之比例。同於體與體
之比例。則正立尖體亦必與斜立尖體等積可知矣。
又法用同積異根之定率比例。以球徑一〇〇〇〇
〇〇〇〇爲一率。正方邊〇八〇五九九五九七爲
二率。今設徑爲三率。求得四率。爲與員球等積之正
方邊。自乘再乘得積。
又法用同根異積之定率比例。以方積一〇〇〇〇

○○○○爲一率。球積五二三五九八七七五爲二率。今徑自乘再乘爲三率。求得四率。卽是

或問甲乙丙丁球以全徑乘全周得外面積。卽爲戊己庚辛長員體外面積。見第四條。是乃長平方面積也。全徑爲闊全周引直爲長。今爲己庚辛壬癸尖員體底積。是又變爲平員面積也。方員不同而皆用全徑乘全周之法。共相符合之理可稽乎。曰平員半徑與員球半徑等者。其平員面積得球外面積四分之一。上第四條已言之。是則平員半徑與球全徑等者。其平員面積必等員球外面積可知也。何也。二倍其邊者。卽四倍其積。直線面篇已言之。今上圖尖員體底庚子半徑比球

乙丁半徑大一倍。其面積較與球等徑之平員羃必大四倍。而與員球之外面積相等可知矣又問員球外面積。即爲長員外面積將何稽乎。曰幾何原本第十卷第十一節圖說云。凡員球體。如下圖甲乙丙丁球。全徑乙丁及甲丙。與長員體戊己庚辛之底徑。庚己及高度。戊己相等者其相當存段詳下。之外面積。必相等也試截球體之癸丙寅一段。凸面積。必與相當長員體之辰己庚酉一段周圍外面積等試以乙辰酉丁一段徵之於此段長員體內抽出子癸寅丑一段。小長員體。抽如抽焦心然。餘癸子乙辰。及酉丁丑寅空心體此空心體

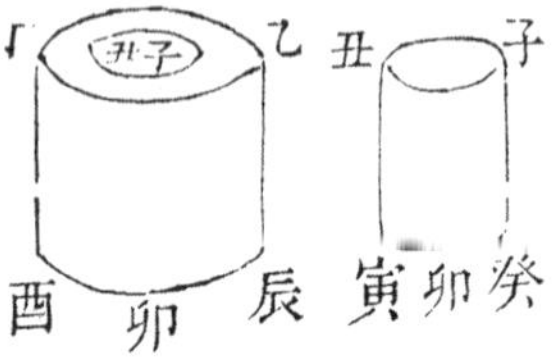

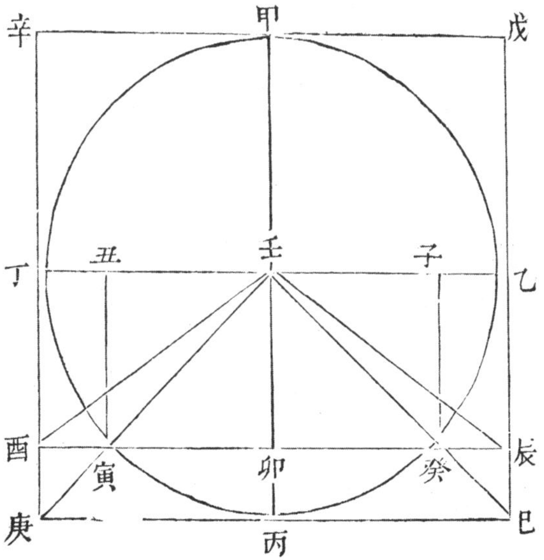

積與子癸丑寅小長員體。必等。何以知之。蓋壬癸爲大員面之半徑。即空心體半徑乙壬。而所截卯癸。又爲小員面小長員體之面之半徑。其壬卯與癸卯之度等。故卯癸如句。壬卯如股。壬癸如弦。壬癸弦所作員面。必與卯癸句壬卯股所作二員面等積。又壬乙即壬癸。又即卯辰。則卯辰

爲半徑所作員面。即壬癸爲半徑所作員面。於卯辰爲半徑所作員面內。減去卯癸爲半徑所作員面。即餘辰癸子即乙環面。所減所餘必相等。蓋弦冪兼有句股二冪。句股相等。則冪亦等。所減句冪即與所餘股冪相等可知也。故辰癸子即乙環面與小員面等積。面積既等則體積亦必等矣。

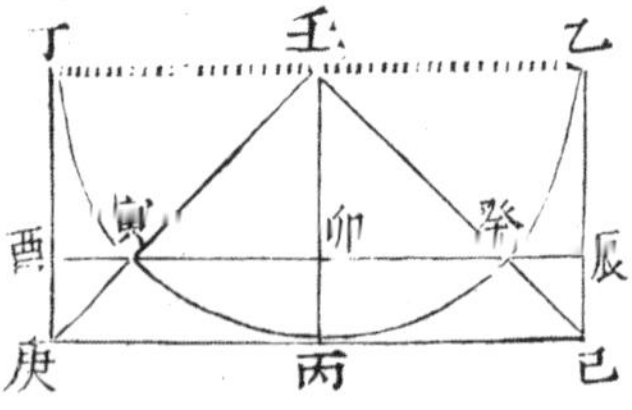

又壬癸寅小尖員體與癸乙辰酉丁寅曲凹體等。何則。乙丙丁半球體爲乙巳庚丁長員體三分之二。則癸乙巳丙庚丁寅曲凹體爲長員體三分之一。與壬巳庚尖員體積等。試各就

一半言之。彼此各減去同用之癸巳丙。則一餘乙辰巳癸。一餘壬癸丙卯。爲相等。內分巳辰癸等癸丙卯。則癸乙辰。必等壬卯癸。下文乙辰壬與乙癸。壬等則各減同用之乙申壬。一餘乙申辰。一餘壬申癸亦必等。又各加申辰癸。爲乙辰癸。與壬辰癸亦必等矣而壬辰癸必等壬癸卯。何者。壬癸寅小尖員體。爲子癸寅丑小長員體積。三分之一。而壬辰酉大尖員體爲乙辰酉丁大長員體六分之二。是大尖員體比小尖員體積多一倍。則壬辰癸之等壬癸卯可知。而與壬辰癸相等之乙辰癸。亦等壬癸卯可知矣。而合癸乙辰酉丁寅必等壬癸寅矣。而壬癸寅小尖員體。爲子癸丑寅三分之一。卽爲前項空心體三分之一。則與壬癸寅尖員體相等之癸乙辰酉丁寅曲凹體。亦爲空心體三分之一矣。於乙辰酉丁長員體內減去壬癸寅小尖員體。又減去癸乙辰酉丁寅曲凹體。則餘乙癸壬寅丁空心球體。必與乙辰壬酉丁空心長員體等。何者。試以乙辰酉丁長員體作六分。則子癸寅丑小長員體爲三分。壬癸寅小尖員體爲一分。癸乙辰酉丁寅曲凹體亦爲一分。今旣減去小尖員體及曲凹體。是於六分內減去二分。而存一段空心球體四分也。而壬辰酉大尖員體。亦爲乙辰酉丁長員體三分之一。於長員體內減之。則餘乙辰壬酉丁空心長員體爲二分之二也。三分之二。非卽六分之四乎。則一段空心長員體。與一段空心球體相等必矣。

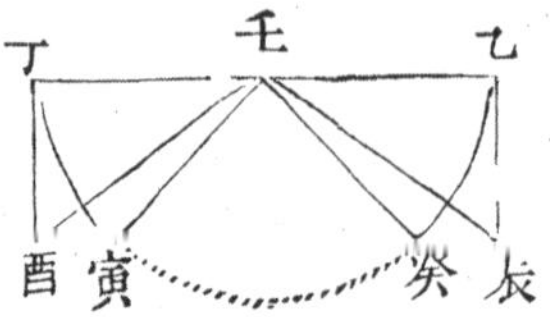

若將此兩空心體從壬心至

外皮面。剖爲千萬尖體。俱以乙壬半徑爲高以兩體外皮面爲底。則此兩空心體所分之各尖體。其積既等。其高又等。則其底不得

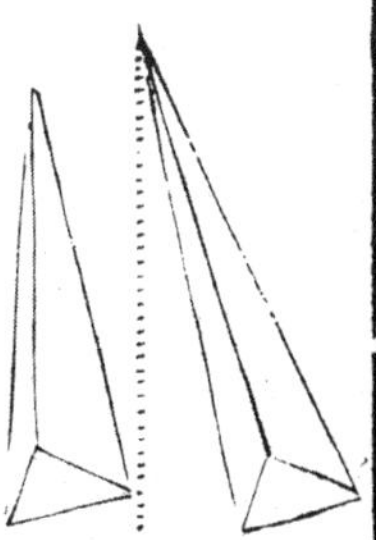

不等。同高同底者。必等積。則同高同積者。必等底也。各尖體之底既等則合各尖體底。爲兩空心體之外皮面積。亦必相等矣。夫乙丙丁半球體外面積。原與乙己庚丁半長員體周圍外面積等。於半球體內減去乙癸丁寅一段。餘癸丙寅一段。於半長員體內減去乙辰酉丁一段。餘辰己庚酉一段。其減去之各段。外面積既等。則所餘之球體癸丙寅一段。與長員體辰己庚酉一段。其外面積亦必等明矣。觀此則員球外面積之等長員外面

積固可稽也。

(六)如員球積六尺問徑。　曰二尺二寸五分四釐五毫零二忽有餘。

法用同根異積之定率比例。以球積一〇〇〇〇〇〇〇〇〇爲一率。方積一九零九八五九三一七爲二率。蓋球積爲五二三五九八七七五。則方積爲一〇〇〇〇〇〇〇〇〇〇。若球積爲一〇〇〇〇〇〇〇〇〇〇。則方積爲一九〇九八五九三一七也。今所設之員積六尺爲三率。求得四率。爲方邊與球徑相等之正方體積。開立方得方邊。卽此員徑也。

又法用同積異根定率比例。以方邊一〇〇〇〇〇〇〇〇爲一率。球徑一二四〇七〇〇九八八爲二

率今設積六尺開立方得一尺八寸一分七釐一毫二絲有餘爲三率求得四率即是

⑦如甲乙丙丁橢圓體甲丙大徑六寸乙丁小徑四寸問積

曰五十寸二百六十五分四百八十二釐有餘

法以小徑四寸求出員面積一十二寸五十六分六十三釐七十毫六十絲有餘以大徑六寸乘之得長員體積七十五寸三百九十八分二百二十三釐有餘三歸而二因之得所求

又法以小徑四寸自乘得十六寸以大徑六寸再乘得九十六寸爲長方體積乃用異積同根定率比例以方積一〇〇〇〇〇〇〇〇〇爲一率球積〇五

二三五九八七七五五爲二率。今所得之方體積九十六寸爲三率。求得四率。卽是。

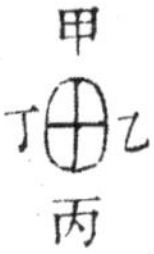

(八)如橢員體積五十寸。大徑比小徑多二寸。問大小二徑。

曰大徑五寸九分九釐二毫小徑三寸九分九釐二毫。法用異積同根定率比例以球積一〇〇〇〇〇〇〇〇〇爲一率。方積一九〇九八五九三一七爲二率。今設積五十寸爲三率。求得四率九十五寸四百九十二分九百六十五釐八百五十毫有餘爲長方體積。乃以兩徑之差二寸爲長闊之較用帶一縱開立方法算之得闊三寸九分九釐二毫有餘卽小徑。加多二寸。得大徑。

㊈如上小下大長圓體。上徑四尺。下徑六尺。高八尺。問積。

曰一百五十九尺一百七十四寸〇二十七分四百六十六釐有餘。

法以上徑求出面積一十二尺五十六寸六十三分七十釐六十毫有餘。又以下徑求出面積二十八尺二十七寸四十三分三十三釐八十五毫有餘。又以上徑乘下徑開方得中徑四尺八寸九分八釐九毫七絲七忽四微八纖有餘。求得面積一十八尺八十四寸九十五分五十五釐八十五毫有餘。三數相併。得五十九尺六十九寸〇二分六十釐三十毫有餘。與高相乘得四百七十七尺五百二十二寸〇八十

二分四百釐有餘三歸之得所求

又法以上下徑相減餘二尺折半得一尺爲一率高八尺爲二率下徑六尺折半爲三率求得四率二十四尺爲本體加成尖體之高乙甲乃以下徑六尺丁丙求

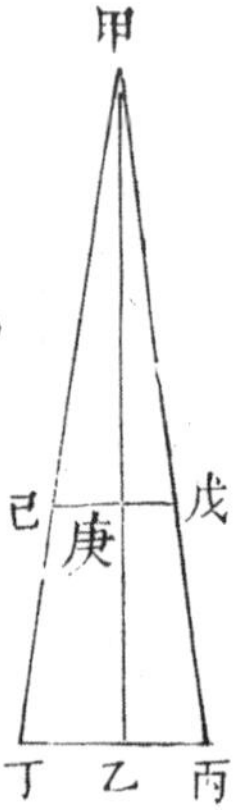

得面積二十八尺二十七寸四十三分三十三釐八十五毫有餘與高二十四尺相乘得六百七十八尺五百八十四寸一十二分四百釐有餘三歸之得二百二十六尺一百九十四寸六百七十分〇八百釐有餘爲甲丙丁大尖員之體積又以高八尺與二十四尺相減餘甲庚十六尺以上徑四尺己戊求出面積

一十二尺五十六寸六十三分七十釐六十毫有餘與高十六尺相乘得二百〇一尺〇六十一寸九百二十九分六百釐有餘三歸之得六十七尺〇二十寸〇六百四十三分二百釐有餘為甲戊己小尖員體積二體積相減餘為所求積

又法用上小下大長方體與上小下大長員體定率比例以方體積一〇〇〇〇〇〇〇〇為一率員體積〇七八五三九八一六三為二率上徑四尺自乘下徑六尺自乘上徑四尺與下徑六尺相乘三數相併以高八尺乘之得六百零八尺三歸之得二百零二尺六百六十六寸六百六十六分六百六十六

釐有餘爲三率。求得四率。即是

又捷法定率比例以一○○○○○○○○○爲一率二六一七九九三八八爲二率上徑自乘下徑自乘上下徑相乘併三數乘高爲六百零八尺爲三率求得四率。即是此法蓋以三个上小下大長方體與一个上小下大長員體相比例也蓋一个長方體爲一○○○○○○○○○○則一个長員體爲七八五三九八一六三若三个長方體爲一○○○○○○○○○○則一个長員體爲二六一七九九三八八矣。

(十)如上小下大撱員面體。上大徑甲乙四尺小徑丙丁三尺下大徑戊己八尺。小徑庚辛六尺。高十尺。問積。曰二百一十九尺九百一十一寸四百八十五分六百三十三釐有餘。

法以上大小徑相乘。得十二尺。以下大小徑相乘。得四十八尺。又以上大徑乘下小徑。上小徑乘下大徑。共得四十八尺。折半得二十四尺。三數併得八十四尺。乃用方員定率比例。以方積一〇〇〇〇〇〇〇〇〇爲一率。員積七八五三九八一六三爲二率。見曲線面篇第七條。三數相併之八十四尺爲三率。求得四率六十五尺九十七寸三十四分四十五釐六

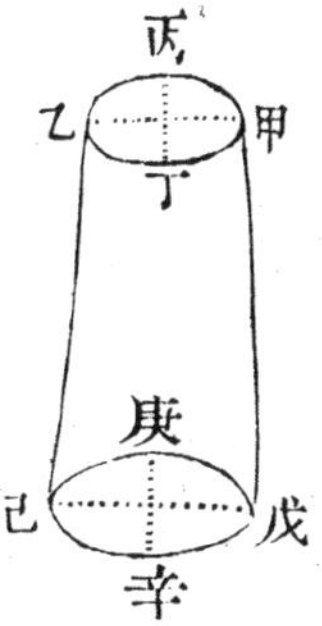

十九亳有餘。與高十尺相乘。得數。三歸之。得所求

又法。以上下大徑相減。餘折半得二尺。爲一率。高十尺。爲二率。下大徑折半得四尺。爲三率。求得四率二十尺。爲加成尖橢員面體之共高。乃以下大小徑求出下橢員面積。與高二十尺相乘。三歸之。得大尖橢員面體積。又以上大小徑。求出上橢員面積。與高十尺以原高十尺。與加尖共高二十尺相減。所餘。相乘。三歸之。得小尖橢員面體積。相減餘。卽是。

又法。用上小下大長方體。與上小下大橢員面體定率比例。以長方體積一〇〇〇〇〇〇〇〇〇爲一率。長員體七八五三九八一六三爲二率。以上大徑

四尺倍之。加下大徑八尺。共一十六尺。與上小徑三尺相乘。得四十八尺。以下大徑八尺倍之。加上大徑四尺共二十尺。與下小徑六尺相乘。得一百二十尺。二數併得一百六十八尺。以高十尺乘之。得一千六百八十尺。六歸之●得二百八十尺。成上小下大長方體積。爲三率。求得四率。卽是

又捷法。定率比例。以一○○○○○○○○爲一率。此六个長方體積。以一三○八九九六九四爲二率。此一个長員體積。以倍上大徑。加下大徑。乘上小徑。得數。又倍下大徑。加上大徑。乘下小徑。得數。併二數。以乘高。爲三率。亦六个長方體積。求得四率。卽是

(十一)如於甲辛戊壬員球截甲乙丙一段。其甲丁高二寸。乙丙底徑九寸六分。問截積。　曰七十六寸五百七十一分。〇八十八釐有餘。

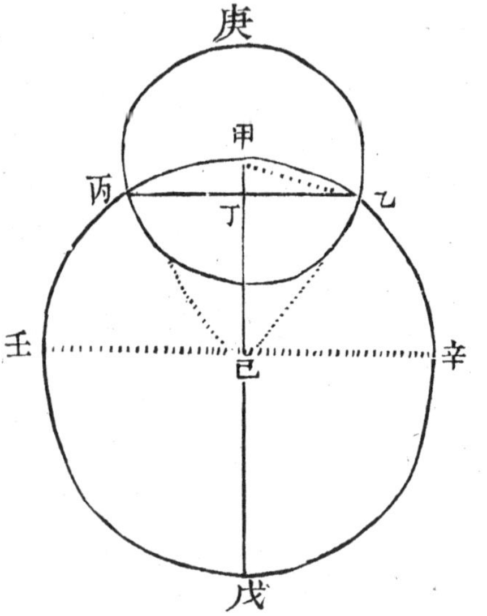

法以甲丁高二寸爲首率。乙丁半底徑四寸八分爲中率。求得丁戊末率一尺一寸五分二釐。法爲甲丁比乙丁。若乙丁比丁戊也。加甲丁高二寸。得一尺三寸五分二釐。爲球全徑。折半得甲己半徑六寸七分六釐。又

以甲丁高二寸爲句。乙丁半底徑四寸八分爲股。求得甲乙弦五寸二分。以之爲半徑作庚乙丙員。求得其面積八十四寸九十四分八十六釐有餘。即爲所截甲乙丙一段之外面積。蓋員面半徑與球體半徑等者。其員面積爲球體外面積四分之一。詳上第四條中如前項甲辛戊壬員球之外面積必爲同徑之半員如次圖面積四倍。則甲辛壬半球體。必爲同徑之平員面積二倍。然則以

甲己半徑。求得一个平員面積。又以辛己半徑求得

一个平員面積。兩面積相併。必與甲辛壬半球體之外面積等矣。今甲乙丙截球體一段。若以甲丁爲半徑。求得一个平員面積。又以乙丁爲半徑。求得一个平員面積。兩面積相併。有不與甲乙丙截球體一段之外面積等乎。而句股之法。甲乙弦自乘之正方。與甲丁句自乘。乙丁股自乘。兩正方積等。則甲乙弦爲半徑所得之員面積。亦必與甲丁句乙丁股爲半徑所得之兩員面積等矣。故甲乙弦爲半徑所得之庚乙丙平員面積。即爲甲乙丙截球體一段之外面積也。又法。以辛壬全徑一尺三寸五分二釐。用徑求周法。求得周四尺二寸四分七釐四毫三絲三忽有餘。而以高二寸乘之。亦得甲乙丙截球一段之外面積。詳上第五條。既得截球體一段之外面積。與甲己員球半徑相乘。得甲乙丙子丑長員積。如此圖子丑爲面。乙丙爲底。甲爲底之正中。己爲面之正中。底凸而面凹如兩鍋體然。　於是三歸之得一百九十一寸四百一十七分五百一十二釐己丙甲丁凸底尖員體積又以乙丙丁底徑。求得乙丙底平面積。與己丁截半徑相乘得丙丁乙寅卯長員體積。如下圖。

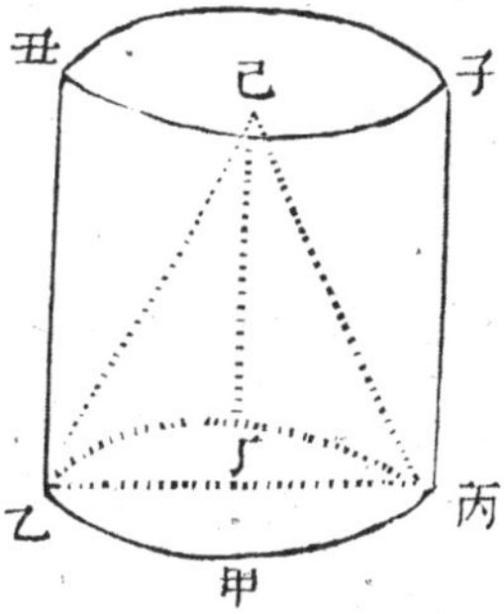

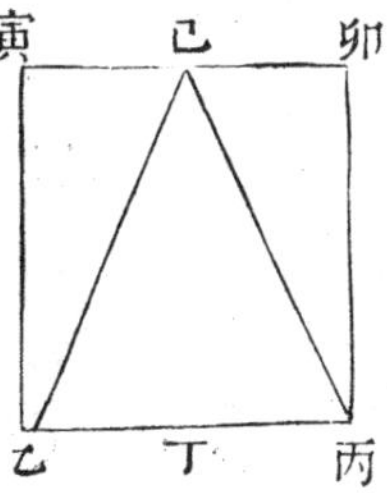

此圖丙乙底寅卯面皆平面。與上圖之己甲上凹下凸者不同　於是三歸之得己丙乙平底尖圓體

積與己丙甲乙積相減所餘即甲乙丙截球體一段之積也

⑫如空心員球積二千寸厚三寸問內外徑　曰內徑一尺一寸四分六釐三毫九絲七忽　外徑加六寸即是

法用根同積異之定率比例以球積一〇〇〇〇〇〇〇〇〇為一率方積一九〇九八五九三一七為二率（見上第六條）今所設之積三千寸為三率求得四率三尺八百一十九寸七百一十八分六百三十四釐有餘為空心正方體積乃照直線體第十四條法（法二任用）求得闊一尺一寸四分六釐三毫九絲七忽有餘

爲空心球體內徑。加六寸爲外徑。此法蓋以空心員球體。與空心正方體爲比例。卽如用球積與方積定率爲比例也。

⑬如圓倉一座。周二十四尺。高十尺。問盛米若干。 曰一百八十三石三斗四升六合四勺有餘。法以周求出面積四十五尺八十三寸六十六分二十二釐有餘。與高相乘得四百五十八尺三百六十六寸二百二十二分有餘。爲員倉積數。乃以米一石積數定率二千五百寸爲法除之。卽得。積數定率。隨時不同。須較準用。

⑭如圓倉一座。盛米一百六十石。高十尺。問周徑。 曰。徑七尺一寸三分六釐四毫九絲有餘。 周二十二尺

四寸一分九釐九毫四絲有餘。

法以米一石為一率。一石積數定率二千五百寸為二率。今盛米一百六十石為三率。求得四率四百尺為員倉之積數。以高十尺除之。得四十尺為員倉之面積。乃用方員定率比例。以員積一〇〇〇〇〇〇〇〇〇〇為一率。方積一二七三二三九五四為二率。今所得面積四十尺為三率。求得四率五十尺九十二寸九十五分八十一釐六十毫有餘。開平方得圓倉徑數。即可求周數矣。

⑮如積米一堆。高五尺。底周十四尺。問米數。　曰十石。三斗九升八合一勺有餘。

法與尖員體求積法同。見第二條。但既得積後。以積二千五百寸爲一石耳

（十六）如倚壁堆米。高四尺。底周六尺。問米數。　曰三石〇五升五合七勺七抄有餘

法以底周六尺爲半周。倍之爲全周。照尖員體求積法。求得積。折半得數。乃以二千五百寸爲一石算之。

此即上條尖員體之一半。故折半取之。

（十七）如倚壁內角堆米。高五尺。周十二尺。問米數。　曰三十石〇五斗五升七合七勺有餘　此爲尖員體四分之一。

法以周十二尺。四因之。得四十八尺爲全周。用尖員

體法。求得積。四歸之得數。以二千五百寸爲一石算之。

（六）如倚壁外角堆米。高六尺。底周三十三尺。問米數。 曰。九十二石四斗三升七合一勺八抄有餘。 此爲尖員體四分之三。

法用周三十三尺。三歸而四因之。得四十四尺。爲全周。照尖員體法。求得積。四歸三因得數。乃以二千五百寸爲一石算之。

各等面體

（一）如四面體。每邊一尺二寸。求積。 曰二百〇三寸六百四十六分七百三十七釐有餘。

此體乃等邊三角形四个所合成者

法以丁乙邊一尺二寸爲弦以乙丙邊一尺二寸折

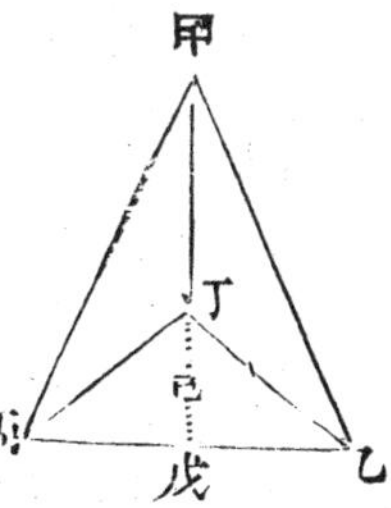

半得乙戊六寸爲句句弦求得丁戊股一尺〇三分九釐二毫三絲〇四微有餘爲中垂線與乙戊相乘得六十二寸三十五分三十八釐二十四毫有餘爲乙丙丁底冪積又以甲丁邊一尺二寸爲弦而取丁戊中垂線三分之二（丁至己爲三分之二）爲句（理詳三角求外切員徑第一條）求得甲己股九寸七分九釐七毫九絲五忽八微有餘爲自甲尖至底中心己之立垂線（己爲底心亦詳三角求外切員徑第一條）以與底積相乘三歸之得所求。

又求甲己立垂線捷法。以甲丙邊十二尺自乘。三歸二因。得九十六寸。開平方即得。此法蓋因甲丙為弦。戊丙為句。求得甲戊股。則甲戊自乘為甲丙自乘方四分之三。（見三角求中垂線第一條）又甲戊為弦。己戊為句。甲己為股。則甲己股自乘方為甲戊自乘方九分之八。（甲戊與丁戊垂線等。己戊為丁戊三分之一。即為甲戊三分之一。甲戊弦三分自乘得九分。己戊句一分自乘得一分。於弦九分內減去句一分。餘八分。乃甲己股自乘數。）甲己自乘既為甲丙自乘四分之三。即十二分之九也。而甲己自乘又為甲戊自乘九分之八。是甲己自乘為甲丙自乘十二分之八。即三分之二也。故以甲丙自乘。三歸而二因之。得積。開方得甲己高。 又用定率比例。以定率四面體之每邊一〇〇〇〇〇〇〇〇〇爲一率。四面體之立垂線八一六四九六五八爲二率。今設四面體之每邊一尺二寸爲三率。求得四率卽甲己

又用邊同積異定率比例。以正方體積一〇〇〇〇〇〇〇〇爲一率。四面體積一一七八五一一二九爲二率。今設邊自乘再乘爲三率。求得四率卽所求積。

又用積同邊異定率比例。以四面體每邊二〇三九六四八九〇〇爲一率。正方體每邊一〇〇〇〇〇〇〇〇爲二率。今設邊爲三率。求得四率爲與四面體積相等之正方體邊。自乘再乘得正方體積。卽

四面體積

㈡如有四面體積二百〇三寸六百四十六分七百五十釐求每邊　曰十二寸

法用邊同積異定率比例以四面體積一一七八五一一二九為一率正方體積一〇〇〇〇〇〇〇為二率今設積為三率求得四率一尺七百二十八寸開立方卽得

又法用同積異邊定率比例以正方體每邊一〇〇〇〇〇〇〇〇為一率四面體每邊二〇三九六四八九〇〇為二率今設積開立方得五寸八分八釐三毫三絲六忽五微有餘為三率求得四率卽是

(三)如八面體。每邊一尺二寸。求積。　曰八百一十四寸五百八十六分九百七十六釐有餘。此體乃等邊三角形八个所合成者。法以八面體分爲上下二尖方體算之。將己乙邊一尺二寸與丁己邊一尺二寸。相乘得戊己平方積一尺四十四寸。爲上下二尖方之共底。又以自乘之一尺四十四寸倍之。開平方得一尺六寸九分七釐〇五絲六忽二微有餘。爲丁乙對角線。詳直線面第一條卽爲甲丙對角線。以此對角線與共底一尺四十四寸相乘三歸之。卽得。

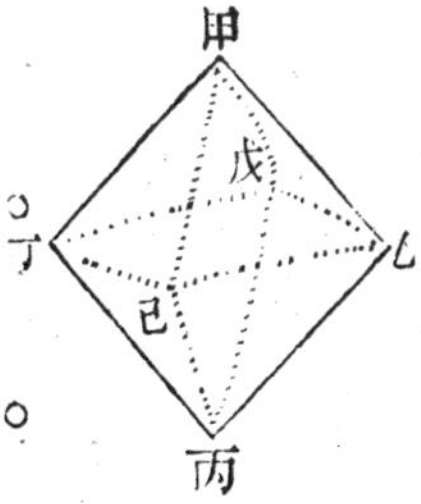

又法用邊同積異定率比例。以正方體積一〇〇〇

○○○○○○爲一率八面體積○四七一四○四五一二爲二率今設邊自乘再乘爲三率求得四率即是。

又法用積同邊異定率比例以八面體每邊一二八四八九八二九爲一率正方體每邊一○○○○○○○○爲二率今設邊爲三率求得四率爲與八面體等積之正方體邊。自乘再乘即得

㊃如八面體積八百一十四寸五百八十七分一十二釐求邊則用邊同積異定率比例以八面體積四七一四○四五二一爲一率正方體積一○○○○○○○○爲二率今設積爲三率求得四率開立方即

得每邊一尺二寸。

又法用積同邊異定率比例以正方體邊一〇〇〇〇〇〇〇〇〇爲一率。八面體邊一二八四八九八二九爲二率。今設積開方得數爲三率。求得四率卽是

㊄如十二面體每邊一尺二寸求積。曰一十三尺二百四十一寸八百六十八分三百四十八釐有餘

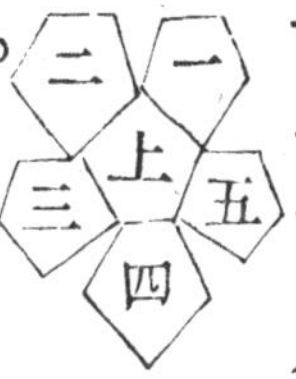

此體乃等邊五角形十二面所合成者分上下各六面以一面在上如蓋旁綴五面聯合成覆碗形以一面在下爲底亦旁綴五面聯合爲仰盂形二形相合卽成此體

法先求一面之冪積照各等邊形篇第一條以每邊

一尺二寸爲首率。求得甲己等分角線。一尺〇二分〇七毫八絲〇九微有餘。己辛等心己爲面心。中垂線。八寸二分五釐八毫二絲九忽一微有餘。

又求得本面積二尺四十七寸七十四分八十七釐三十毫有餘。次求本面立

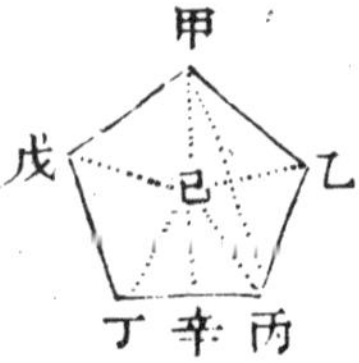

五角尖體積。用理分中末線之大分六一八〇三三九爲一率。全分一〇〇〇〇〇〇〇〇爲二率。全分即首率。大分即中率。首率爲一尺。則中率爲六一八〇三三九也。今設邊一尺二寸丙丁。如大分。爲三率。求得四率。甲丙如全分一尺九寸四分一釐六毫四絲〇七微有餘。此以定率爲比例也。

於是從體中腰橫剖。上蓋下底。折中爲中腰。橫剖之如切瓜然。則成十等

邊之平面如下圖乙丙丁戊甲上蓋也丙丁子丑戊等五面旁綴成覆碗形者也從氐房心尾等處剖之則成氐房等五面房心等五面共十面其所剖處皆正當每邊之一半如氐當子戊邊之正中房當丑戊邊之正中又用理分中末線之大分六一八〇三三九九爲一率全分一〇〇〇〇〇〇〇爲二率今所得甲丙一尺九寸四分一釐六毫四絲七微移作子丑丙丁子丑戊五邊形本同甲乙丙丁戊形故甲丙卽同子丑折半得子午爲三率求得四率氐辰一尺五寸七分〇八毫二絲〇二微有餘爲每邊正

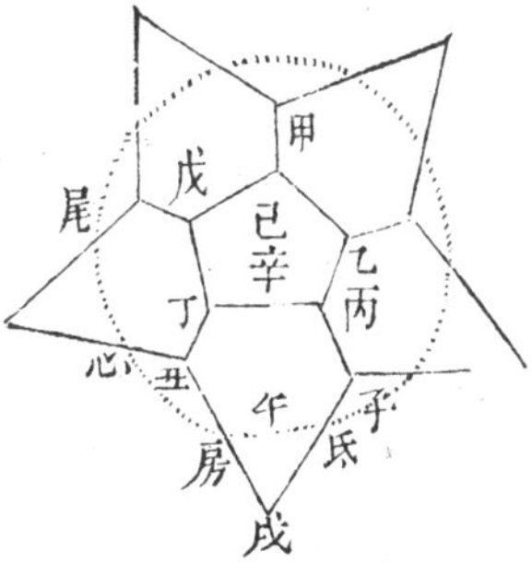

中。至形心辰之斜線。辰在上蓋己及底心。相距之也。蓋所剖之氐房等線為子丑線之半。用子丑即如用氐房。而氐房與氐辰之比。同於理分中末線大分與全分之比也。又氐為子戊邊之中。即無異辛為丙丁邊之中。則用氐辰即如用辛辰。於是以辛辰斜線為弦。己辛為句。求得己辰股一尺三寸三分六釐二毫一絲九忽六微有餘。為形心至每面中心之立垂線。爰以此立垂線與甲乙丙丁戊面積相乘。三歸之得一尺一百〇三寸四百八十九分〇二十九釐有餘。為一个尖五角體積。以十二个因之。得所求

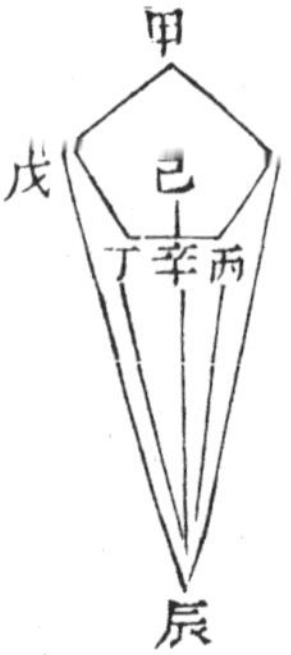

又法。用同邊異積定率比例。以正方體積一〇〇〇〇〇〇〇〇〇爲一率。本體積七六六三一一八九〇三爲二率。今設邊自乘再乘爲三率。求得四率。卽是。

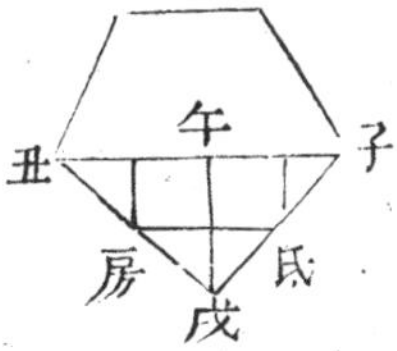

氐房爲子丑一半圖

又用同積異邊定率比例。以本體邊五〇七二三三〇七爲一率。正方體邊一〇〇〇〇〇〇〇爲二率。今設邊爲三率。求得四率。爲與本體等積之正方體邊。自乘再乘。卽是。

⑥如十二面體積一十三尺二百四十一寸八百六十九分四百六十四釐。求邊則用同邊異積定率比例以

本體積七六六三一一八九○三爲一率。正方體積一○○○○○○○○○爲二率。今設積爲三率。求得四率一尺七百二十八寸。開立方得一尺二寸。如所求。

又法用同積異邊定率比例。以正方體每邊一○○○○○○○爲一率。本體邊五○七二二二○七爲二率。今設積開立方得二尺三寸六分五釐八毫二絲七忽六微有餘。爲三率。求得四率。

⑦如二十面體每邊一尺二寸。問積。　曰三尺七百六十九寸九百六十八分三百釐有餘。　此體乃二十个等邊平三角形所合成者。上層五个。一子寅卯。一子寅丑。一子卯辰。

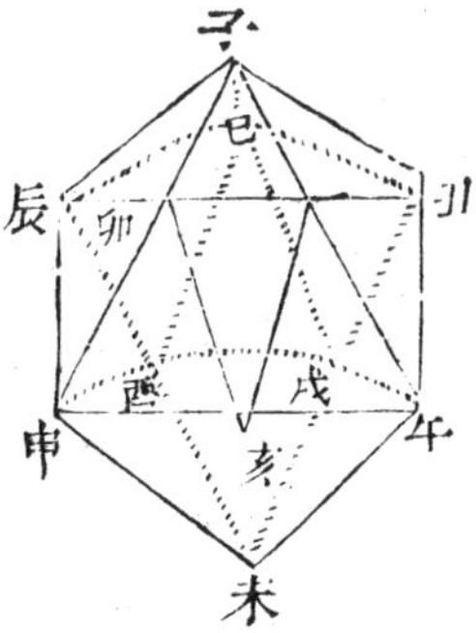

一子辰巳。一子巳丑。攢合如蓋下層五个

一未午亥。一未亥申。一未申酉。一未酉戌。一未戌午。攢合

如底中層十个。一午丑寅。一寅午亥。一亥寅卯。一卯亥申。一申卯辰。一申辰酉。一辰酉巳。一酉巳戌。一巳戌丑。一戌丑午。旁羅上中下湊合。卽成此體。

法倣上條。先求一面冪積。以每邊十二尺。求得己壬等分角線六寸九分二釐八毫二絲○二微有餘。壬午等心垂線三寸四分六釐四毫一絲○一微有餘。並如下圖又求得面積六十二寸三十五分三十八釐二十四毫有餘。次求立三角體積。乃用理分中末線之大分六一八○三三九九爲一率。全分一○○○○○

〇〇〇〇〇爲二率。今設邊一尺二寸。如丙丁。折半得六寸。如丙午，即氐房。爲三率。求得四率氐辰辰在己下。九寸七分〇八毫二絲〇二微有餘。蓋如上條法，於二十面體之中腰剖開，如下圖。則成十等邊面形。其所剖之處如氐如房等。皆正當每邊之一半。如氐在丙戌線中。故其所剖之氐房等線亦得丙丁邊之一半。爲丙午。其氐房即丙午與氐辰即午辰之比，同於理分中末線大分與全分之比。求得氐辰即午辰斜線。爰以此斜線爲弦，壬午垂線爲句，求得辰壬股九寸〇六釐九毫一絲三忽五微有餘，爲形心至每面中心之立垂線。以乘面積三歸之，得一个立三角體積一百八十八寸四百九十八分四百一十五釐有餘。為一个立積。以二十个因之。如所求。

甲乙丙丁戊五角形。乃己丙丁等五角三角所攢合。即二十面體之上蓋也。其周圍丙丁戊以尖下垂之五个三角。及丁戊酉以尖上指之五个三角。則旁羅為中層者也。以氐房等點線剖之。成亢氐房等十面體。

橫剖成十面圖

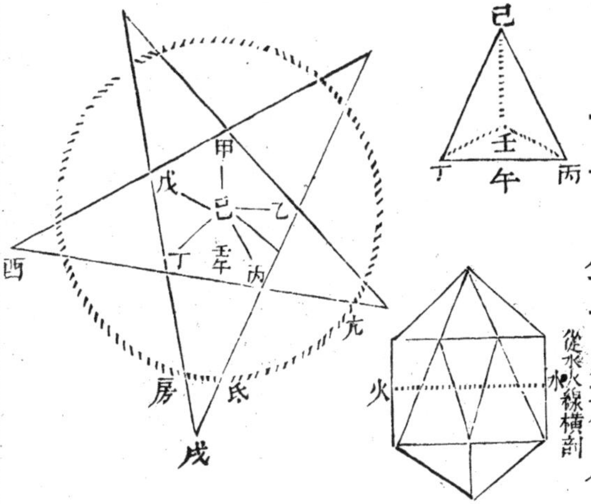

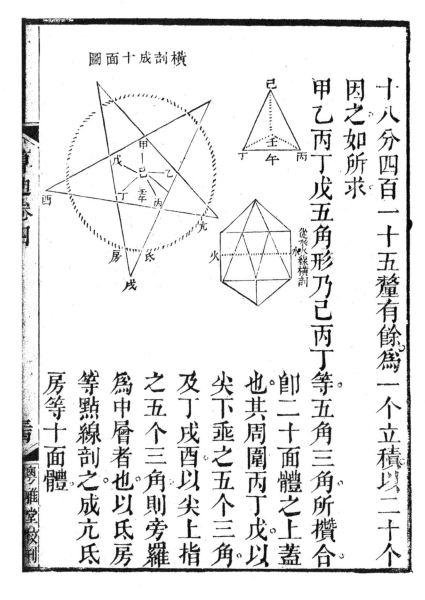

捷法用同邊異積定率比例以正方體積一〇〇
〇〇〇〇爲一率本體積二一八一六九四九六
九爲二率今設邊一尺二寸自乘再乘爲三率求卽
得四率卽是　又用同積異邊定率比例以本體每
邊七七一〇二五三四爲一率正方體邊一〇〇
〇〇〇〇爲二率今設邊一尺二寸爲三率求得
四率爲與本體等積之正方邊自乘再乘卽得
⑧如二十面體積三尺七百六十九寸九百六十八分九
百〇六釐求邊則用同邊異積定率比例以本體積
二一八一六九四九六九爲一率正方體積一〇〇
〇〇〇〇〇〇爲二率今積爲三率求得四率開

立方得一尺二寸。即是。

又法用同積異邊定率比例。以正方體邊一〇〇〇〇〇〇〇為一率。本體邊〇七七一〇二五三四為二率。今設積開立方得一尺五寸五分六釐三毫六絲九忽有餘。為三率。求得四率。即是。

球內容各等面體

(一)如球徑一尺二寸。求內容四面體之每邊及體積。曰邊九寸七分九釐七毫九絲五忽八微有餘。積一百一十寸八百五十一分二百五十釐有餘。法以徑甲乙一尺二寸三歸二因之得甲己八寸。為四面體自尖至每面中心之立垂線。如圖之甲己與丙庚。

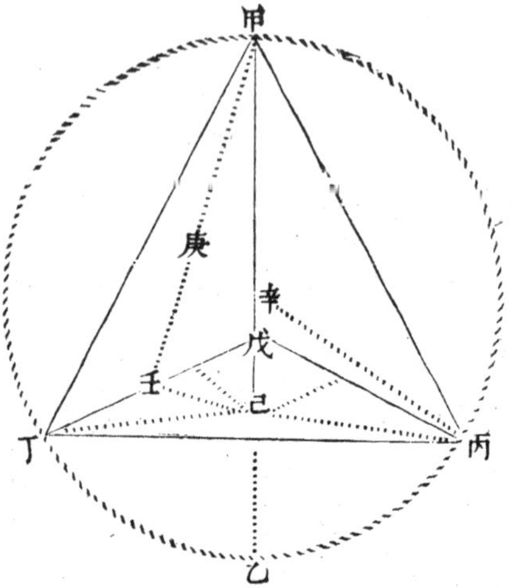

此兩垂線相交於辛則辛爲四面體之中心亦爲球之中心甲辛與丙辛俱球半徑甲己壬句股形與甲庚辛句股形同式甲己壬句股形以己壬爲句以甲壬爲弦甲庚辛句股形以辛庚爲句以甲辛爲弦則兩句股形同用一甲角而己角庚角又同爲直角則壬角與辛角亦必等故爲同式也法爲甲壬弦比己壬句若甲辛弦比辛庚句而甲壬弦與丙壬同爲三分己壬句爲一分則甲辛弦亦爲三分辛庚句與辛己同亦爲一分矣今命甲辛爲三分甲辛爲半徑得三分則全徑爲六

分以辛己一分加甲辛三分則得甲己四分是甲己立垂線得全徑六分之四卽三分之二也故三歸而二因之得甲己既得甲己自乘得六十四寸二歸三因得九十六寸開平方得九寸七分九釐七毫九絲五忽八微有餘乃四面體每邊之數也蓋立垂線自乘方爲每邊自乘方三分之二（見前四面體求積法）則每邊自乘方爲甲己自乘方二分之三故二歸而三因之開平方得每邊也　求積則照前篇第一條求積法

又求邊捷法以球徑一尺二寸自乘三歸二因得九十六寸開平方卽得邊數蓋甲己立垂線既爲球徑三分之二則甲己自乘（二二如四）必爲球徑甲乙自乘（三三

如九九分之四而甲己自乘得六十四又爲每邊甲丙自乘
得九十六二分之二即六分之四設甲己自乘得四則甲丙自乘必得六則
甲丙邊自乘九十六必爲甲乙徑自乘一百四十四九分之
六甲己自乘四甲丙自乘六甲乙自乘九也即三分之二故以徑甲乙自
乘三歸二因得甲丙邊積開方得甲丙如有四面體
之每邊求外切球徑則可以一邊自乘二歸三因開
平方得徑矣否則如上法先求四面體之甲己立垂
線二歸三因以得徑亦可　又用求邊定率比例以
定率球徑一〇〇〇〇〇〇〇〇爲一率四面體每
邊〇八一六四九六五八爲二率今設徑一尺二寸
爲三率求得四率即是　又用求積定率比例以球

徑自乘再乘之正方體積一〇〇〇〇〇〇〇〇〇
爲一率。四面體積〇〇。六四一五〇〇二九爲二率。
今設徑一尺二寸自乘再乘得一千七百二十八寸
爲三率求得四率。卽是

㊁如球徑一尺二寸。求內容正方體之每邊及積。曰邊
六寸九分二釐八毫二絲〇三微有餘　積三百三
十二寸五百五十三分七百四十八釐有餘
法以徑自乘三歸之得四十八寸。開平方卽得邊數。
何則甲庚對角線自乘方兼有甲丙邊丙庚邊各自
乘方之數如甲丙丙庚各自乘得一尺。甲庚自乘得二尺而甲乙對角線自
乘方又兼有甲庚自乘方二尺庚乙卽甲丙。自乘方一尺。之

數共得三尺卽如兼有三个庚乙邊自乘方之積也而甲乙卽球徑故自乘三歸得乙庚邊自乘積而開方得邊也得邊則積可知矣　如有正方體邊求外切球徑則以邊自

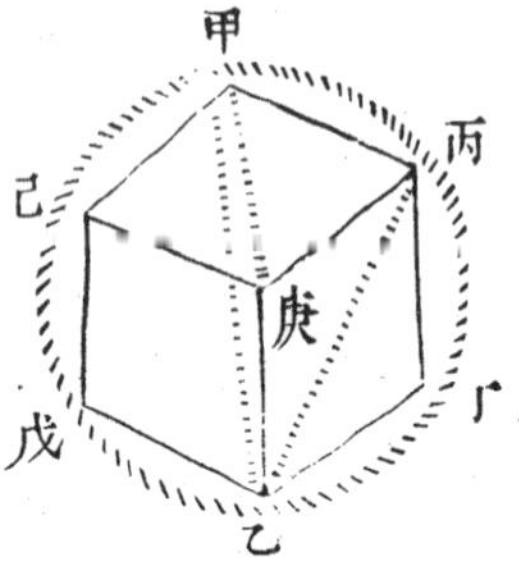

乘三因之開平方卽得球徑　又用求邊定率比例以球徑一○○○○○○○爲一率正方體邊○五七七三五○二六爲二率今設徑爲三率求得四率卽是　又用求積定率比例以球徑自乘再乘之正方體積一○○○○○○○○○爲一率正方體積一九二四五○○八六爲二率今徑一尺二寸自

乘再乘得一千七百二十八寸。爲三率求得四率即

是。

㊂如球徑一尺二寸。求內容八面體之每邊及積。　曰邊八寸四分八釐五毫二絲八忽一微有餘積二百八十八寸。

法以球徑自乘。得一百四十四寸。折半得七十二寸。開平方。卽得邊。何則。甲乙球徑也。卽甲丙乙丁平方之對角線也。對角線如弦自乘方。爲邊甲丙如股如句。又自乘方之二倍。故以甲乙自乘折半。卽爲甲丙邊之積。而開方得甲

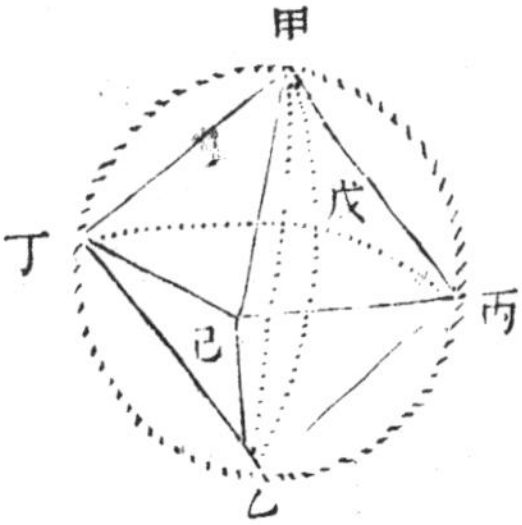

丙也。既得甲丙卽自乘得丙己丁戊平方積。以徑甲乙爲高乘之得立方體積。三歸之得八面體積。如有八面體之每邊求外切球徑。則以邊自乘加倍開平方卽得球徑。　又法用求邊定率比例。以球徑一○○○○○○○○爲一率。八面體邊○七○七一○六七八爲二率。今設徑爲三率。求得四率。卽是　又用求積定率比例。以球徑自乘之正方體積一○○○○○○○○爲一率。八面體積一六六六六六六六六爲二率。今設徑自乘再乘爲三率。求得四率。卽是。

㊃如球徑一尺二寸。求內容十二面體之每邊及積　曰

邊四寸二分八釐一毫八絲六忽五微有餘。　積六百○一寸五百九十五分二百二十釐有餘。

法以理分中末線之全分一○○○○○○○○爲股，小分○三八一九六六○一爲句。求得一○七○四六六二六爲弦。以下圖辰氐戌句股形。辰氐爲股。氐戌爲句。辰戌爲弦。故先求此爲比例即以弦爲一率。小分三八一九六六○一爲二率。今設徑一尺二寸酉戌爲三率。求得四率子戌即是。何則。欲求子戌邊。當以酉戌子句股形求之。而酉戌子句股形與辰戌氐小句股形同式。以辰戌弦比氐戌句。猶之以酉戌弦比戌子句。前各等面篇弟五條。以氐辰爲全分。氐房爲大分。然則氐戌乃小分也。氐房

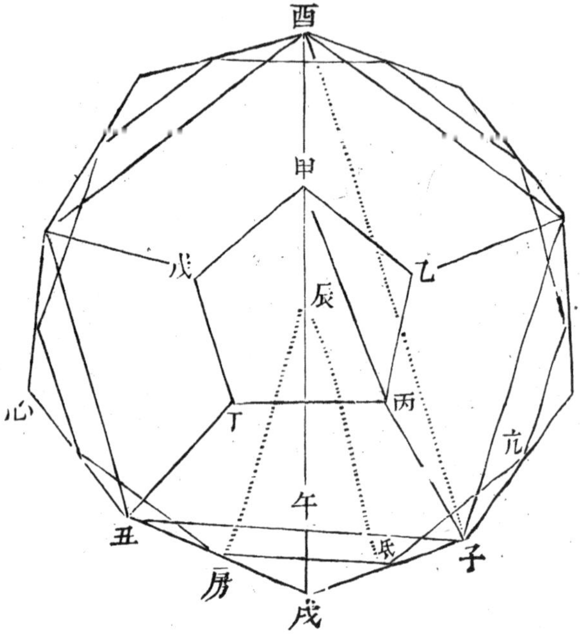

即子丑之半。亦即甲丙之半。前篇以甲丙爲全分。丙丁邊爲大分。丙丁即子戊即如以子丑爲全分。子戊爲大分也。半之。則以子午爲全分。即氐房爲全分。而氐戊爲大分也。若降一等則氐房爲大分。氐戊爲小分矣。故目氐戊爲小分也。小分爲句全。分爲股。股定

率為一○○○○○○○○○○句定率為○三八
一九六六○一則弦定率為一○七○四六六五二
六○以弦一○七○四六六二六○比句三八一九
六六○一可例辰戌之比氏戌即可例酉戌之比子
戌也得邊而積可求矣如有十二面體每邊求外切
球徑則先求中心至每邊正中垂線為股半邊為句
求得弦倍之即球全徑　又求邊法用上第二條球
容正方體求方邊法以球徑自乘三歸之開平方得
數為球內容正方體之每邊即球內容十二面體之
每面兩角相對斜線乃以理分中末線之全分
一○○○○○○○○○為一率大分○六一八○三

三九九爲二率。所得斜線爲三率。求得四率卽是。試將十二面體。每面各作斜線相連。如下圖。遂成正方體形。其十二面之十二斜線。卽正方體之十二邊。其八角。卽四方體之八角。皆切於球。故用球內容正方體法。求得容方邊。卽爲十二面體兩角相對之斜線也。如有十二面體之每邊。求外切球徑。則先求得兩角相對斜線。爲正方體每邊。次用正方體求外切員徑法。求得員徑　又用求邊定率比例。以球徑一○○○○○○○爲一率。本體邊○三五六八

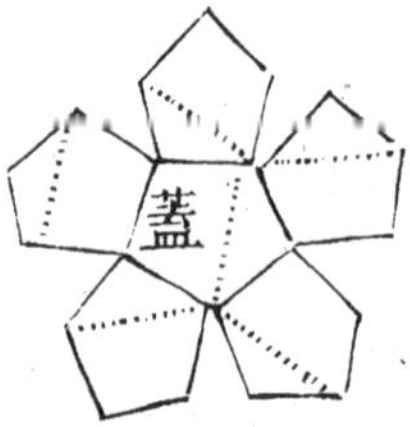

此圖乍看不明。可用竹絲作十二面體。如式作諸斜線。便了然矣。

二二〇九爲二率。今設徑爲三率。求得四率。即是　又用求積定率比例以徑方積一〇〇〇〇〇〇〇〇爲一率。本體積三四八一四五四八二爲二率。今徑自乘再乘爲三率。求得四率。即是

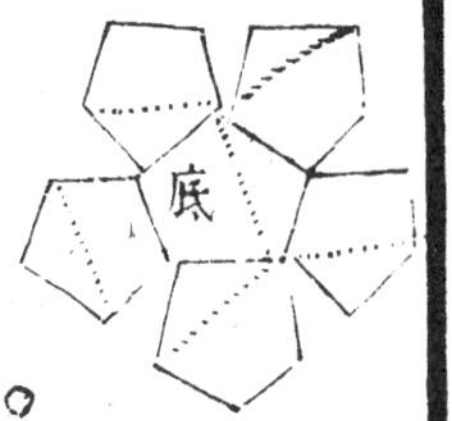

㈤如球徑一尺二寸。求內容二十面體之每邊及積。曰邊六寸三分〇八毫七絲七忽三微有餘。積五百四十七寸八百〇八分四百三十釐有餘。

法以理分中末線之全分一〇〇〇〇〇〇〇爲股。大分六一八〇三三九九爲句。求得弦一一七五五〇五〇。即以弦爲一率。緣下圖辰氐戌句股形，辰氐爲股。氐戌爲句。辰戌爲

弦欲求氐戊故先求此以爲比例張本。大分六一〇三三九九爲二率。

今設球徑一尺二寸爲三率求得四率子戊。即是何

則欲求子戊邊當以酉戊子句股形比例而酉戊子句股形與辰戊氐小句股形同式以辰戊弦比氐戊句卽同酉戊弦比子戊句上條以理分中末線全分一〇〇〇〇〇〇〇〇比出辰氐。小分三八一九六六〇一。比出氐戊。是全分乃股小分乃句也股一句三八一九六六〇一則弦爲一〇七〇四六六二以弦一〇七〇四六六二比句三八一九六六〇一可例出辰戊之比氐戊卽可例

酉戌之比子戌此上條法也亦本條法也而上條以氐戌爲三八一九六六〇一之小分此條又以氐戌爲六一八〇三三九九之大分何也則以氐房卽子午見上條爲辰子丑等邊三角子丑邊之半而氐戌亦爲子丑戌等邊三角與辰子丑同式子戌邊之半上條以氐房卽子午爲大分則氐戌亦必爲大分也以其同爲本體每邊之半也上條子戌止等丙丁而遠遜子丑此條子戌竟等子丑則此條子戌長于上條之子戌可知矣

又法照下圖丁丙己戊壬線橫剖之

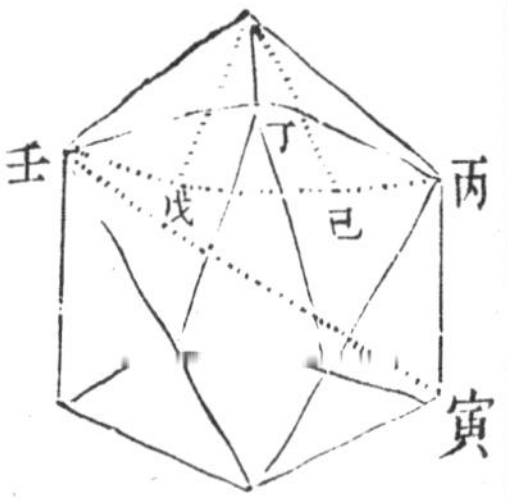

則剖處成丁丙己戊壬五面如下圖

試於上球圖作壬寅徑線則成壬丙寅句股形壬丙爲股。丙寅爲句。壬寅爲弦若以面圖言之。則壬丙股卽如理分中末線之全分丙寅句與丙丁邊同卽如理分中末線之大分。故以理分中末線全分爲股大分爲句。求得弦以比大分卽同於今設徑壬寅（卽子丑）之比丙寅也　又用求邊定率比例。以球徑一〇〇〇〇〇〇〇〇〇爲一率本體邊〇五二五七三一一

一爲二率。今設徑爲三率。求得四率。卽是。　又用求積定率比例以球徑自乘再乘之立方積一〇〇〇〇〇〇〇〇〇爲一率。本體積〇三一七。〇一八八三三爲二率。今徑自乘再乘爲三率。求得四率。卽是。

球外切各等面體

㊀如球徑一尺二寸。求外切四面體之每邊及體積。　曰邊二尺九寸三分九釐三毫八絲七忽六微有餘。積二尺九百九十二寸九百八十三分七百七十六釐有餘。

法以球徑一尺二寸。倍之得二尺四寸。爲四面體自尖至底心之立垂線。內容篇第一條。言甲己四分。辛己一分。辛己員之半徑也。倍爲全徑二分。又倍之則爲四分。即甲己立垂線可知矣。以立垂線甲己。自乘。二歸三因。得八尺六十四寸。開平方。即得每邊數。詳內容篇弟一條。旣得邊數。則用各等面體弟一條法求積。

如有四面體邊。求容員徑。則先求立垂線。折半得容員徑。又用求邊定率比例。以球徑一〇〇〇〇〇〇〇〇爲一率。本體邊二四四九四八九七四四爲二率。今球徑爲三率。求得四率即是。又用求積定率比例。以球徑自乘再乘之正方體積一〇〇〇〇〇〇〇〇〇爲一率。本體積一七三二〇五〇八〇七

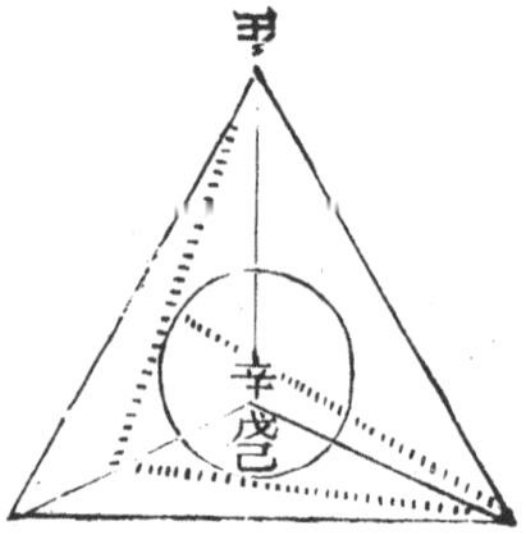

爲二率。今徑自乘再乘爲三率。求得四率。即是

㊁如員球徑一尺二寸。求外切八面體之每邊及積。　曰

邊一尺四寸六分九釐六毫九絲三忽八微有餘。

積一尺四四百九十六寸四百九十一分八百九十六釐有餘。

法以球徑折半。爲八面體形心子至每面中心之立垂線。何則。試自丙己丁戊橫分之。則成甲丙己丁戊、乙丙己丁戊上下二尖方體。將二尖方體自甲乙尖依各稜甲丙等。直剖之。則又成子甲丙戊等尖三角體八个。並以子爲尖。子爲八面體之心。即球之心。而球之外面。即外皮。皆切於各面之中心。如癸。故球之半徑。即

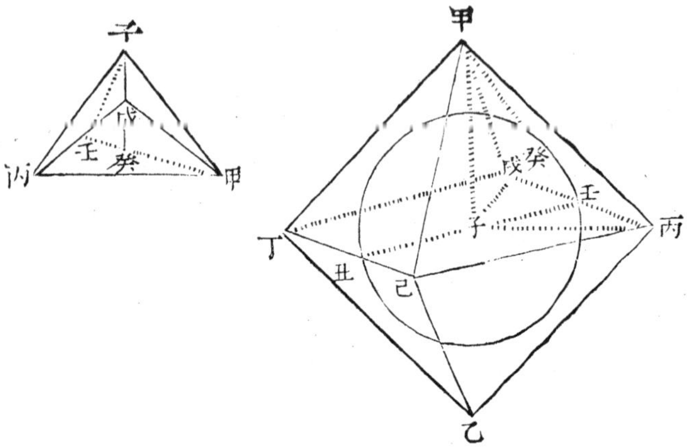

八面體心子至每面心之立垂線也。既得立垂線六寸。自乘得三十六寸。六因之得二百一十六寸。開平方。得一尺四寸六分九釐六毫九絲三忽八微有餘。即八面體之每邊數。蓋六个立垂線自乘積與一个邊自乘積等也。所以然者下文論說。詳內容篇第一條。試以子甲丙戊四面體。自甲至戊丙邊中心壬作甲壬垂線。又

自子至甲丙戊面中心癸作子癸立垂線又從子至壬作子壬線遂成壬癸子句股形此形以子癸立垂線（即球半徑）爲股癸壬爲句子壬爲弦癸壬爲甲壬三分之一則癸壬自乘方（一一如一）爲甲壬自乘方（三三如九）九分之一而甲壬自乘方（九）原爲甲丙自乘方（十二）十二分之九（三角求中垂線法第一條言弦積四股積三。四分之三。即十二分之九也）則癸壬自乘方（一）爲甲丙自乘方（十二）十二分之一也又子壬弦爲半邊之半（子壬子丑並球半徑壬丑與戊丁邊等。故子壬爲每邊之半）則其自乘方必爲每邊自乘方四分之一即十二分之三癸壬句自乘方既爲每邊自乘十二分之一則子癸股自乘方必爲每邊自乘方十二分之二（弦積三內減句積一餘二）

爲股積也卽六分之一。故以子癸員球半徑自乘六因之。得每邊積。而開平方得邊也。既得邊。可用各等面體第三條法求積。　如有八面體每邊求內容球徑。則求得體心至每面立垂線。卽是　又用求邊定率比例。以球徑一〇〇〇〇〇〇〇〇爲一率。八面體邊一二二四七四四八七爲二率。今設徑爲三率。求得四率。卽是。　又用求積定率比例。以球徑自乘再乘之正方體積一〇〇〇〇〇〇〇〇〇爲一率。本體積八六六〇二五四〇三爲二率。今徑自乘再乘爲三率。求得四率。卽是。

㊁如球徑一尺二寸。求外切十二面體之每邊及積。　曰

邊五寸三分八釐八毫三絲三忽六微有餘。積一尺一百九十八寸八百六十二分六百一十六釐有餘。

法以理分中末線之全分一○○○○○○○○爲一率。大分○六一八○三三九九爲二率。今球徑折半爲三率。求得四率三寸七分○八毫二絲○三微有餘。爲十二面體每面中心至邊之垂線。蓋球之外皮皆切於各面之中心。如辰球之半徑。即十二面體中心至每面中心之立垂線寅辰。以球半徑寅辰爲理分中末線之全分。則十二面體之每面中心至邊之垂線辰丑即五等邊形內容員半徑。爲大分。何以知之。試將十二

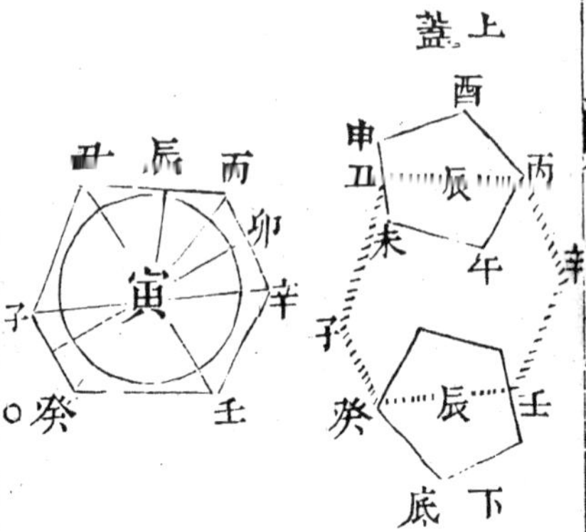

面體從上蓋一面中垂線丙丑直剖至下底一面中垂線壬癸則剖面立面遂成丙辛壬癸子丑不等邊六角形如此圖用竹絲作十二面合而成體以麻線照剖處繞一周作爲剖痕看之便明矣丙辛與子癸皆十二面體之每邊丑丙辛壬等皆十二面體之每面自角至對邊之中垂線丙丑上蓋垂線丑子在上一面垂線壬癸下底垂線辛壬在下一面垂線寅丑與寅卯皆爲十二面體中心至每邊正中之垂線寅辰爲十二面體中心至每面中心之立垂線即圓球半徑辰丑爲每面中心辰爲上蓋一面之中心至

邊中心丑爲上蓋申未邊中心。之垂線辰丙。爲每面中心至角之分角線。辰爲上蓋心。丙爲上蓋丙角。今以寅辰爲全分。則辰丑爲大分。何以知之。寅卯既爲十二面體中心至每邊正中之垂線。平分丙辛邊於卯。故丙卯爲每邊之半。寅卯爲全分。則丙卯爲小分。此與丙容篇第四條同。此之寅卯。即彼之辰氐全分。此之丙卯。即彼之氐戊小分也。

試依寅卯全分度作丑己卯寅正方形則丑己與己卯亦皆爲全分己卯既爲全分。而丙卯又爲小分。則己丙即爲大分。全分內減去小分餘爲大分。丑己丙句股形與寅辰丑句股同式。此己角彼辰角同爲直角。此丙丑二角。合之共九十度。彼丑寅二角。合之亦共九十度。又此形之丑角。與彼形之丑角。亦

併得九十度。是此形之丙角。即彼形之丑角也。三角已等其二。則餘一角亦必等矣丑己丙形
之丑己股為全分。則己丙句為大分。寅辰丑形之寅
辰股為全分則辰丑句亦為大分。故以球半徑寅辰
比每面中心至邊之垂線辰丑。即同於理分中末線
全分之比大分也。　於是又以全分一〇〇〇〇〇
〇〇〇〇為一率。倍小分七六三九三二〇二為二
率。球半徑六寸為三率。求得四率辰丙四寸五分八
釐三毫五絲九忽二微有餘。為每面中心至角之分
角線。何則。凡五等邊面自心至邊之垂線辰丑為大
分。則自心至角之分角線辰丙即辰申為倍小分。何
以知之。蓋丙未斜線為全分。則未申一邊為大分。而

酉未與丙申二斜線。相交於戊所截戊申一段。即爲小分。戊丙與戊未。亦皆爲大分。與未申等。試作戊亥線。平分丙未線於亥。

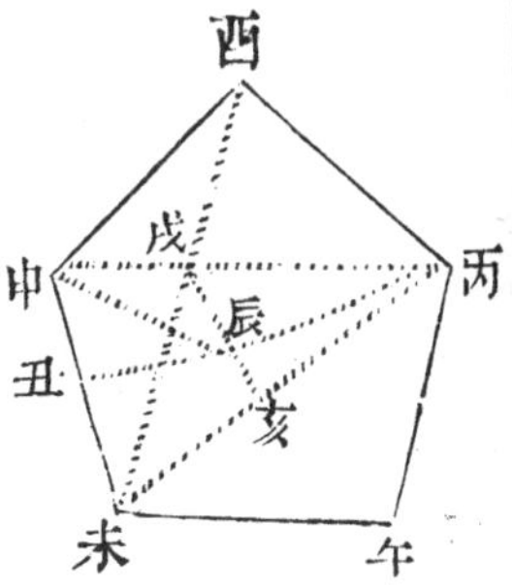

則戊丙亥戊句股形。與辰丑申句股形同式辰心角之申丑度。爲丙界角之申未度。一半。則辰心角。即等丙界角。又亥角與丑角皆直角。故同式。夫丙未爲全分。則丙戊爲大分。若丙未爲大分。則丙戊爲小分。若以丙未之半丙亥爲大分。則丙戊即爲倍小分。而丙亥之比丙戊。若辰丑之比辰申。故以辰丑爲大分。辰申爲倍小分。今球半徑寅辰與辰丑。既爲全分比大分。則寅辰與辰申。亦爲全分比倍小分也。既得辰

丑垂線又得辰申。即辰丙。分角線。則用股弦求句法。求得丑申句倍之。得未申。為十二體之每邊。既得邊。即可用各等面體弟五條法求積。　如有十二面體之每邊求容球徑。則求得十二面體中心至每面中心之立垂線。倍之即是。　又用求邊定率比例。以球徑一〇〇〇〇〇〇〇〇為一率。十二面每邊〇四四九〇二七九七為二率。今球徑為三率。求得四率。即是。　又用求積定率比例。以球徑自乘再乘之正方體積一〇〇〇〇〇〇〇〇〇為一率。十二面體積六六九三七八六三六七為二率。今設徑自乘再乘為三率。求得四率。即是。

(四)如球徑一尺二寸求外切二十面體之每邊及積 曰邊七寸九分三釐九毫〇一忽四微有餘 積一尺〇九十一寸六百七十六分有餘

法以理分中末線之全分一〇〇〇〇〇〇〇〇爲一率小分三八一九六六〇一爲二率今球徑折半得寅辰六寸爲三率求得辰丑四率二寸二分九釐一毫七絲九忽六微有餘爲二十面體每面中心至邊之垂線蓋球之外皮皆切於各面之中心如辰球之半徑寅辰即二十面體中心至每面中心之立垂線以球半徑寅辰爲全分則每面中心至邊之垂線辰丑即三等邊形內容員半徑爲小分每面中心至角之分角線

辰丙。即三等邊形外切員半徑爲倍小分。試將二十面體。按其丙申未上一面中垂線。丑辰直剖至底。

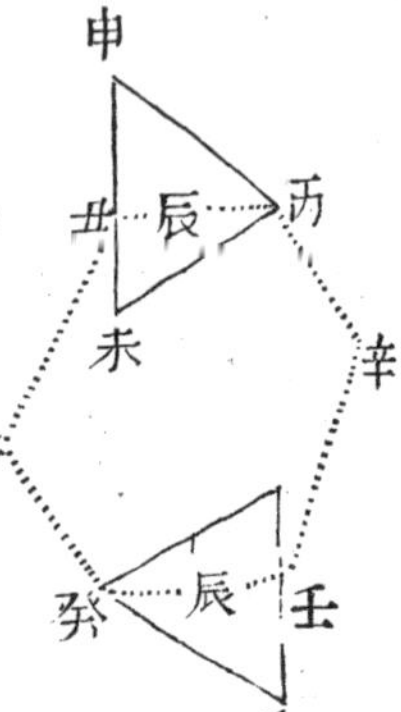

上圖丙申未一面爲蓋。下圖甲乙癸一面爲底。從丙丑直剖至壬癸。

則剖面。立面。遂成丙辛壬癸子丑不等邊六角形如下圖。

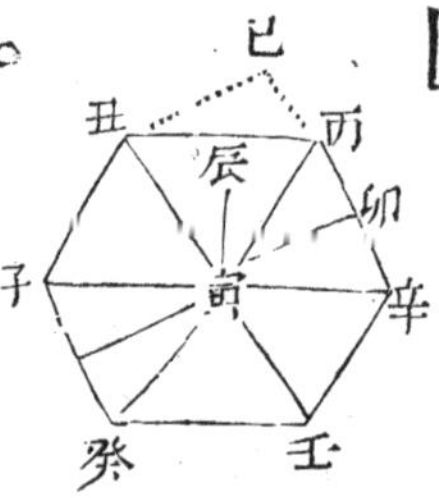

丙辛與癸子。皆二十面體之每邊。丑丙辛壬等。皆每面自角至對邊之中垂線。丑丙。上蓋一面垂線。丑子左旁上一面垂線。壬癸。下底一面垂線。辛壬右旁一面垂線。寅丑與寅卯皆二十面體中心寅至每

邊正中如丑如卯。之斜線寅辰爲二十面體中心至每面中心之立垂線。卽球半徑辰丑爲每面中心至邊之垂線。辰爲上蓋一面之中心。辰丙爲每面中心至角之分角線。今以寅辰爲全分則辰丑爲小分丙辰爲倍小分也說見上弟二條。旣得辰丑三因之得丙丑六寸八分七釐五毫三絲八忽八微有餘爲每面自角至對邊之中垂線。詳三角求員容徑法自乘三歸四因開平方。卽得每邊數詳三角求中垂線法弟一條。旣得每邊。卽可用各等面體弟七條法求積。如有二十面體之每邊求容球徑則求得體中心至每面中心之立垂線倍之卽容球徑又用求邊定率比例以球徑一〇〇〇〇〇〇〇〇爲一率。二十面體每邊○六六一五八四五五三爲二一率今徑爲三率求得四率即是。又用求積定率比例以球徑自乘再乘之立方積一○○○○○○○○○爲一率二十面體積六三一七五六九九九爲二率今徑自乘再乘爲三率求得四率即是

各等面體互容

(一)如正方體每邊一尺二寸求內容四面體之每邊　曰一尺六寸九分七釐○五絲六忽二微有餘

法以正方體每邊自乘倍之得二尺八十八寸。開平方得所求蓋四面體之六稜皆切於正方體之六面。故四面體之每邊即正方體每面之對角斜線故用

直線面形弟一條法。求出斜線卽得也。如圖甲乙丙丁四面體。其甲乙邊卽方體上面對角斜線。其甲丙邊卽方邊。東面斜線。其甲丁邊卽方體南面斜線。其乙丙邊卽方體北面斜線。其丁丙邊卽方體下面斜線。

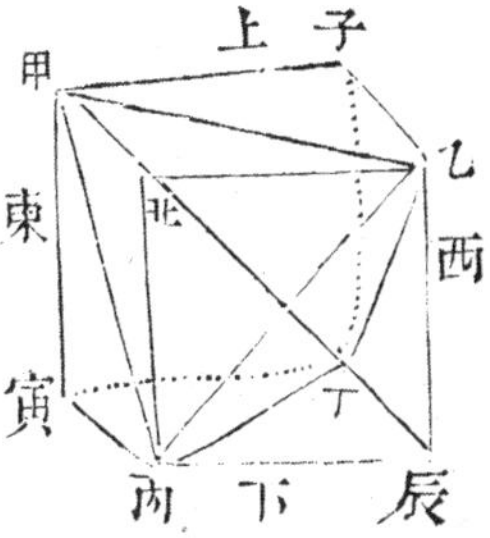

其乙丁邊卽方體西面斜線也。如有四面體之每邊。求外切正方體之邊。以四面體之邊自乘折半開平方卽得。

〔三〕如正方體每邊一尺二寸。求內容八面體之每邊。曰八寸四分八釐五毫二絲八忽一微有餘。法以正方體邊自乘得一百四十四寸。折半得七十二寸。開平方卽得。

八面體之六角切於正方體之六面。則正方體之每

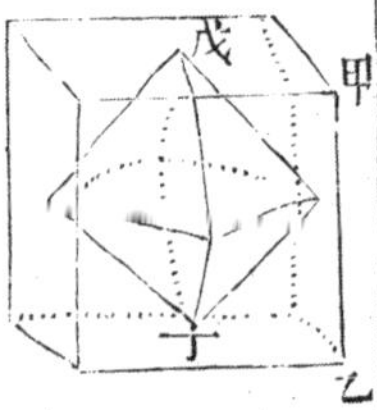

邊戊丁即甲乙。即八面體之對角。戊角對丁角。斜線也。故用斜弦求方邊法求之

如有八面體之每邊求外切正方體邊。則用八面體之邊自乘加倍開平方即得

如正方體每邊一尺二寸求內容十二面體之每邊。曰四寸五分八釐三毫五絲九忽二微有餘。法以理分中末線之全分一○○○○○○○○為一率。小分三八一九六六○一為二率。正方邊一尺二寸為三率。求得四率。即是蓋十二面體之六稜切於正方體之六面。上蓋之甲戊稜。切於方體之上一面正中。下底之庚申稜。切於方體之下面正中。又與蓋相連於左之子丑稜。切於方體之左面正中。與蓋相連於右之寅卯稜。切於方體之

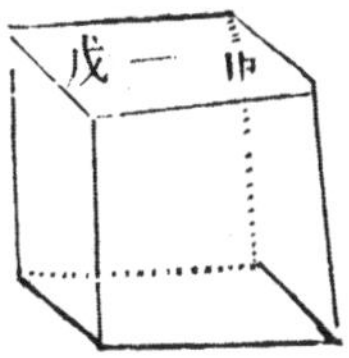

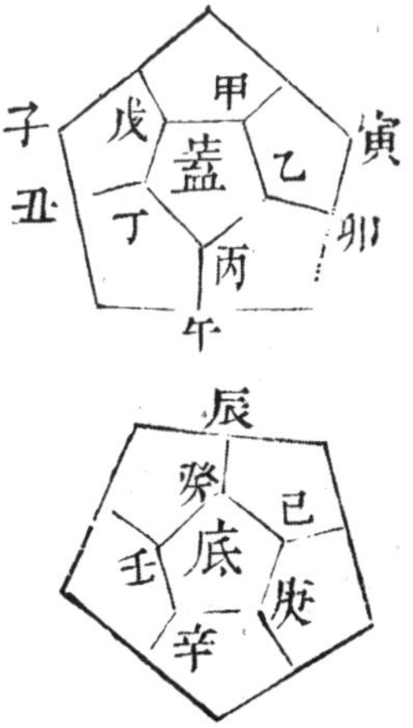

右面正中。與蓋相連於後之丙午稜。切於方體之後面正中。與底相連於前之辰癸稜。切於方體前面之正中。則正方體之每邊。與十二面體兩邊如甲戊庚辛。相對之線等。如甲至庚戊至辛。卽十二面體中心至每邊正中斜線之倍也。而正方體每邊之半卽為十二面體中心至每面中心之斜線試照各等面體弟五條圖說所剖氐房痕線。為子丑之半。氐辰為體中心至每邊之正中斜線。卽正方體每邊之半。以氐辰為理分中末線

之全分則氐房爲大分氐戌十二面體每邊之半爲小分故全分與小分之比同於正方體每邊之半與十二面體每邊之半之比亦卽同於正方體每邊與十二面體每邊之比也　如有十二面體之每邊求外切正方體之每邊則以十二面體之每邊爲小分比例得全分卽外切正方體之每邊也

㈣如正方體每邊一尺二寸求內容二十面體之每邊

曰七寸四分一釐六毫四絲〇七微有餘

法以理分中末線之全分一〇〇〇〇〇〇〇爲一率大分六一八〇三三九九爲二率正方體邊爲三率求得四率卽是蓋二十面體以六稜切於正方

體中之六面。以上蓋之甲乙稜切於方體之上一面正中。以下底之子丑稜。切於方體之下一面正中也其餘但用竹絲。作二十面體觀之。自明不贅陳。

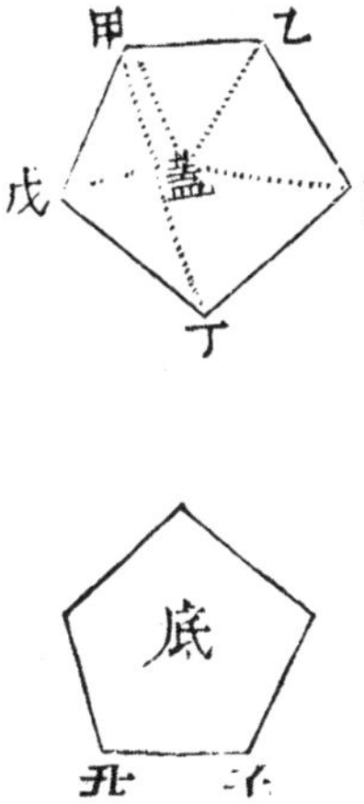

則正方體之每邊。即二十面體甲丁兩角相對之斜線。試將上蓋截看所截面成甲乙丙丁戊五等邊形。甲丁兩角相對斜線。即如理分中末線之全分。則丙丁一邊。即爲大分。故全分與大分之比。即同於正方體邊與二十面體邊之比也　如有二十面體之每邊。求外切正方體邊。則以二十面體邊爲大分比例得全分。即是。

㊄如四面體每邊一尺二寸求內容正方體之每邊　曰二寸八分二釐八毫四絲二忽七微有餘

法照各等面體篇第一條法求得四面體自尖至底中心之立垂線折半爲容員全徑又照各等面體弟三條法求得員球所容正方體邊即四面體所容正方體邊也

丑角指天己角指地壬角指東丁角指西子角指北

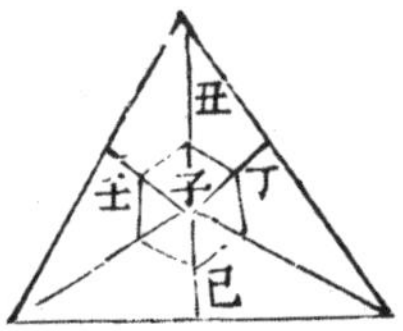

如圖丁己壬丑正方體以丁己壬丑四角切於四面體各面之中心則四面體中心至每面中心之立垂線即正方體中心至各角之斜線四面體內容球徑即正方體外切球徑

故法如此。又法以四面體每邊自乘以十八歸除之。開平方即得此與前法同蓋四面體之立垂線自乘方。為每邊自乘方三分之二即六分之四而所容員球徑為立垂線之一半則球徑自乘方為立垂線自乘方四分之一即為邊自乘方六分之一而球內所容正方體之邊之自乘方為球徑自乘方三分之一故方體之每邊自乘方為四面體每邊自乘方十八分之一也。

如有正方體每邊求外切四面體邊則以正方體邊自乘以十八乘之開平方即得

㈥如四面體每邊一尺二寸求內容八面體之每邊。曰六寸。法以四面體每邊一尺二寸。折半。即得。蓋八面體。以其四面切于四面體之四面。六角切於四面體之六稜中心。故八面體之每邊。即為四面體每邊之半也。如圖

八面體形

四面體形

以八面體戊丙己面切於四面體之寅卯丑平面成此圖

又以八面體之乙丁甲面切於四面體之子卯丑立面如此圖。

又以八面體之甲戊丙面切於四面體之子卯寅立面如此圖。

則八面體之六角切於四面體之六稜之中可見。而八面體之邊為四面體

邊之半。亦可見矣。　如有八面體之一邊。求外切四面體之邊。則以八面體之邊倍之卽是。

⑦如四面體每邊一尺二寸。求內容十二面體之每邊。

曰一寸七分四釐八毫〇三忽九微有餘。

法以四面體每邊一尺二寸自乘。三歸二因。開平方。得九寸七分九釐七毫九絲五忽八微有餘。爲自尖至底心之立垂線。折半得四寸八分九釐八毫九絲七忽九微有餘。爲四面體內容球徑。乃用球內容各等面體弟四條法算之。卽得。蓋十二面體以四角切於四面體各面之中心。則四面體中心至每面中心之立垂線。卽十二面體中心至各角之斜線。四面體

內容球徑卽十二面體外切球徑故法如此　如有十二面體邊求外切四面體邊則先求得十二面體外切球徑又求得球外切四面體之每邊卽是

(八)如四面體每邊一尺二寸求內容二十面體之每邊

曰三寸二分五釐二毫六絲三忽三微有餘

法先求四面體內容員球徑法詳上條乃照球外切各等面體弟四條法算之卽得蓋二十面體以其四面切於四面體各面之中心則兩體自中心至每面中心之立垂線相同四面體內容員球徑卽二十面體內容球徑故法如此　如有二十面體每邊求外切四面體每邊則求得二十面體內容球徑又求得球外

切四面體之每邊即是。

⑨如八面體每邊一尺二寸，求內容正方體之每邊。曰：五寸六分五釐六毫八絲六忽四微有餘。

法以每邊一尺二寸甲庚三歸之，得丁午四寸，自乘得十六寸，倍之得三十二寸，開平方即得。蓋正方體之八角切於八面體各面之中心，丁角切甲庚乙面中心，己角切乙卯庚面中心，戊角切亥卯庚面中心，丙角切亥卯寅面中心，申角切亥寅甲面中心，未角切乙寅甲面中心，乙角切亥甲庚面中心。試自八面體之乙角至對邊作乙癸中垂線，又自甲乙庚面之中心丁與甲庚平行作子午線，則乙丁爲乙癸三分之二，子午亦甲庚三分之二，丁午爲甲庚三分之一，與午己同。子午午己與正方

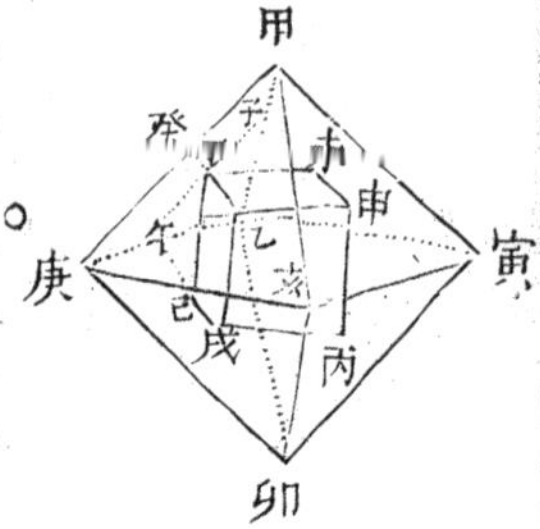

體之丁己邊成丁午己句股形丁午既與午己等故以丁午自乘方倍之開方得丁己弦爲正方邊也如有正方體之每邊求外切八面體之每邊則以正方邊自乘折半開平方得數三因之卽是

(十)如八面體每一尺二寸求內容四面體之每邊　曰卽八面體之每邊也何以知之蓋以四面體乙丙己底合於八面體之乙己丙面則上尖戊切於八面體甲丁庚面之中心共戊乙邊恰與乙丙邊等故八面

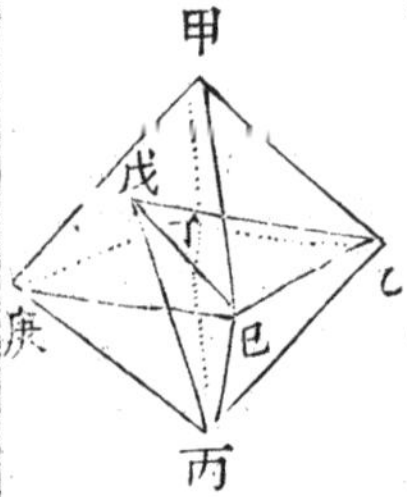

體之每邊。卽四面體之每邊也。

(十一)如八面體每邊一尺二寸。求內容十二面體之每邊。

曰三寸四分九釐六毫一絲二忽八微有餘。

法以邊自乘。三歸二因。開平方得八面體內容球徑。乃照球內容各等面體第四條法。算得球內容十二面體每邊。卽是。　如有十二面體之每邊。求外切八面體之每邊。則先求得十二面體外切求徑。又求得球外切八面體之每邊。卽是。

(十二)如八面體每邊一尺二寸。求內容二十面體之每邊。

曰六寸四分八釐二毫一絲七忽五微有餘。

法以邊自乘。六歸之。開平方得八面體內容球徑。乃用球外切各等面體第四條法算之卽得。蓋二十面體。以八面切於八面體各面之中心。則兩體中心至每邊之立垂線相同。八面體內容球徑卽二十面體內容球徑。故法如是。 如有二十面體之每邊。求外切八面體之每邊。則先求得二十面體內容球徑。又求得球外切八面體之每邊卽是。

（十三）如十二面體。每邊一尺二寸。求內容正方體之每邊。曰一尺九寸四分一釐六毫四絲〇七微有餘。

法以理分中末線之大分〇六一八〇三三九九爲一率。全分一〇〇〇〇〇〇〇〇爲二率。今設邊爲三率。求得四率卽是。 蓋正方體以十二稜切於十

二面體之各面。則正方體之每邊。即十二面體之每面兩角相對斜線。故用各等邊形第一條法求得對角斜線。即是也

(十四)如十二面體每邊。十二尺。求內容四面體之每邊。　曰二尺七寸四分五釐八毫九絲四忽六微有餘。

法以邊一尺二寸。用球內容各等面體第四條法。求出外切球徑。次用球內容各等面體第一條法。又求得四面體邊。即是。蓋四面體之四角切於十二面體之四角。則兩體中心至各角之斜線相同。兩體外切球徑亦同。故法如此　如有四面體之每邊。求外切十二面體之每邊。則先求得四面體外切球徑。又求

得球內容十二面體之每邊卽是

（十五）如十二面體每邊一尺二寸。求內容八面體之每邊。曰二尺二寸二分一釐四毫七絲五忽二微有餘

法以理分中末線之小分三八一九六六〇一爲一率。全分一〇〇〇〇〇〇〇爲二率。今設折半邊爲三率。求得四率。一尺五寸七分〇八毫二絲〇三微有餘。爲十二面體中心至每邊正中之斜線。倍之得三尺一寸四分一釐六毫四絲〇六微有餘（卽十二面體外切正方體之一邊。）爲內容八面體兩角相對斜線。自乘折半。開平方。卽得蓋八面體之六角。切於十二面體之六稜。則十二面體中心至每邊正中之斜線。卽八面

體中心至各角之斜線倍之則得八面體兩角相對之斜線故用斜弦求方邊法求得方邊卽八面體之每邊也　如有八面體之每邊求外切十二面體之每邊則先求得八面體兩角相對斜線折半爲十二面體中心至每邊正中之斜線乃以理分中末線全分與小分之比同於前項斜線與每邊之半之比得每邊之半倍之卽是

(十六)如十二面體每邊一尺二寸求內容二十面體之每邊

曰一尺四寸〇四釐九毫八絲四忽四微有餘

法以每邊一尺二寸用各等面體弟五條法求得十二面體中心至每面中心之立垂線爲十二面體內

容球徑乃用球內容各等面體弟五條法求得二十面體之每邊即是蓋二十面體以十二角切於十二面體各面之中心則十二面體中心至每面中心之立垂線即二十面體中心至各角之斜線十二面體內容球徑即二十面體外切球徑故法如此　如有二十面體之每邊求外切十二面體之每邊則先求得二十面體外切球徑又求得球外切十二面體之每邊即是

(十七)如二十面體每邊一尺二寸求內容正方體每邊　曰一尺〇四分七釐二毫一絲三忽四微

法以邊一尺二寸用各等面體篇弟七條法求得二

十面體中心至每面中心之立垂線。倍之爲二十面體容球徑。見球外切各等面體弟四條。乃照球內容各等面體弟二條法求出所容正方體之每邊。卽是。蓋正方體之八角切於二十面體八面之中心。則二十面體中心至每面中心之立垂線。卽正方體中心至角之斜線。二十面體內容球徑。卽正方體外切球徑。故法如此。

如有正方體每邊。求外切二十面體每邊。則先求得正方體外切球徑。又求得球外切二十面體之每邊。卽是。

（十八）如二十面體每邊一尺二寸。求內容四面體之每邊。

曰一尺四寸八分〇九毫八絲三忽五微有餘

法以每邊一尺二寸。如上條法求出二十面體內容球徑。乃用球內容各等面體第一條法。求出所容四面體之每邊。卽是。蓋四面體以四角切於二十面體四面之中心。則二十面體中心至每面中心之立垂線。卽四面體中心至角之斜線。二十面體內容球徑。卽四面體外切球徑。故法如此　如有四面體每邊。求外切二十面體每邊。則先求得四面體外切球徑。又求得球外切二十面體之每邊。卽是

(十九)如二十面體每邊一尺二寸。求內容八面體之每邊。

曰一尺三寸七分二釐九毫四絲七忽一微有餘。

照上弟四條法。求出二十面體外切正方體之每邊。

又照上第二條法求出正方體內容八面體之每邊即是蓋八面體以六角切於二十面體之六稜正中則二十面體中心至每邊正中之斜線即八面體中心至角之斜線倍之則爲八面體兩角相對斜線故法如此　如有八面體之每邊求外切二十面體之每邊則先求得八面體兩角相對斜線折半爲二十面體中心至每邊正中之斜線乃以理分中末線全分與大分之比同於二十面體中心至每邊正中斜線與每邊之半之比既得每邊之半倍之即是

㉚如二十面體每邊一尺二寸求內容十二面體之每邊

曰六寸四分七釐二毫一絲三忽五微有餘

法以每邊十二寸。照上第十七條法。求出二十面體內容球徑。乃照球內容各等面體第四條法。求出所容十二面體每邊。即是。蓋十二面體之二十角切於二十面體各面之中心。則二十面體中心至每面中心之立垂線。即十二面體中心至角之斜線。二十面體內容球徑。即十二面體外切球徑。故法如此。　如有十二面體之每邊。求外切二十面體之每邊。則先求得十二面體外切球徑。又求得球外切二十面體之每邊。即是。

更體形

(一)如正方體每邊一尺二寸。今欲作等積之員球。問徑。

曰一尺四寸八分八釐八毫四絲一忽有餘。

法用同積異邊定率比例以正方體邊一〇〇〇〇〇〇〇〇爲一率球徑一二四〇七〇〇九八八爲二率今設邊爲三率求得四率即是。

(二)如正方體積一尺七百二十八寸今欲作同根之球體問積 曰九百〇四寸七百七十八分六百八十三釐有餘。

法用同根異積定率比例以正方體積一〇〇〇〇〇〇〇〇爲一率球積〇五二三五九八七七五爲二率今設積爲三率求得四率即是。

(三)如球徑一尺二寸今欲作等積之四面體問每邊。 曰一尺九寸七分二釐七毫三絲八忽有餘。

法用等積異邊定率比例以球徑一二四〇七〇〇九八爲一率。四面體每邊二〇三九六四八九〇爲二率。今設徑爲三率。求得四率。即是

餘可類推。其定率比例備載各等面體篇各條末。

各體權度比例

正方一寸。其積一千分。各物輕重率。

赤金十六兩八錢。　紋銀九兩

水銀十二兩二錢八分。　紅銅七兩五錢。

白銅六兩九錢八分　黃銅六兩八錢。

鋼六兩七錢三分熟鐵同　生鐵六兩七錢。

高錫六兩三錢。六錫七兩六錢。
倭鉛六兩。黑鉛九兩九錢三分。
白玉二兩六錢。金珀八錢。
白瑪瑙二兩三錢。紅瑪瑙二兩二錢。
硨磲一兩五錢二分。青石二兩八錢八分。
白石二兩五錢。紅石二兩五錢六分。
象牙一兩五錢四分。牛角一兩九錢。
沈香八錢二分。白檀八錢三分。
紫檀一兩零二分。花梨八錢七分。
楠木四錢八分。黃楊七錢五分。
烏木一兩一錢。油八錢三分。

水九錢三分

㊀如白玉一方重九十三兩六錢但知闊比高多一寸長比闊多三寸問長闊高各數　曰高二寸闊三寸長六寸

法置重數爲實以玉率每寸二兩六錢爲法除之得長方體積三十六寸用帶兩縱不同較數開立方法算之得高而餘可知

㊁如金銀鎔爲一共積二十七寸重二百七十四兩二錢問金銀各數　曰金六十七兩二錢銀二百〇七兩

法以共積二十七寸用銀率每寸九兩乘之得二百四十三兩與共數相減餘三十一兩二錢爲實以銀

率九兩與金率十六兩八錢相減餘七兩八錢爲法除之得四寸卽金之寸數以乘金率一六八得金六十七兩二錢而銀可知矣此卽和較比例法舊名貴賤差分蓋銀二十七寸則應重二百四十三兩今與共重相減所餘三十一兩二錢卽金重於銀之數而金每寸比銀每寸多七兩八錢故多七兩八錢而金有一寸今多三十一兩二錢則金有四寸也

(三)如金鑲玉爐一座共重四十六兩七錢問金玉各數

曰金一十六兩八錢玉二十九兩九錢

法用盛水器皿一件置爐其中實之以水取爐出看水淺幾何如器係正方形每邊五寸取爐出水淺五

分。則以每邊五寸。自乘。再以五分乘之。得一十二寸。五百分。爲爐之體積。爰做上條法算之。

（四）如正方青石一塊。紅石一塊。紅石比青石每邊多二寸。此爲邊較。體積多五十六寸。此爲積較。問二石邊數。　曰青石方二寸。紅石方四寸。

法照直線體篇第十五條法算之。

（五）如有正方水桶三个。第一桶每邊一尺。第三桶比第二桶每邊多二寸。此爲邊較。第三桶體積與第一第二兩桶之共積等。問各盛水重若干。　曰第一桶水九百三十兩。第二桶水一千五百七十兩九錢三分三釐餘。第三桶水二千四百九十二兩二錢三分八釐餘。

法以弟一桶每邊自乘再乘得一千寸爲實即爲弟三桶水多於弟二桶水之數此爲積較照上條法算之得各邊數各自乘得積而以水率每寸九錢三分因之

堆垜

(一)如桌上排果成甲乙丙一面三角形一面謂上一平面非立體也下倣此底七个問積　曰二十八个

法以底七个即爲七層層數與底數等也加一个爲八層與底七个相乘得五十六个折半即得

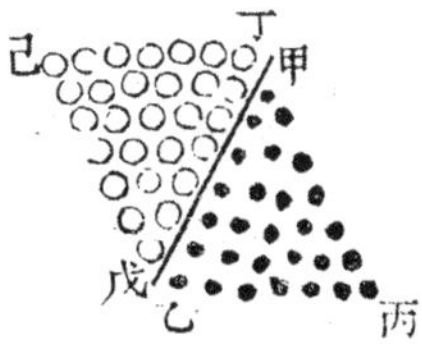

觀圖自明　甲乙丙三角積加丁戊己爲倍積丙乙底七个甲丙高七層加丁一个爲丁丙八層

㈡前數若以積求邊。則倍積以一爲長闊之較用帶縱較數開平方法算之

㈢如一面梯形堆上四下七問積。曰二十八个。法以下七加上四得十一个爲底又以下七爲七層。減上虛三。餘四爲實在層數與底十一相乘折半卽得觀圖自明

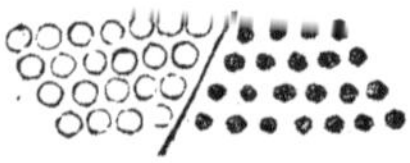

㈣如前數知積二十二下闊七求上闊則照第一條。求出三角積二十八个。減梯積二十二餘六个爲梯形上虛三角積用弟二條有積求邊法求得底三个加一

个。卽梯形之上闊四个也　如有上闊求下闊。則以上闊減一爲上虛三角之底求得虛三角積以加梯積照弟二條法算之

(五)如前積二十二个。只知上闊比下闊少三个。問上下闊。則以梯積倍之得四十四个。又以上下闊之較三加一得四爲層數（說見後圖）以除倍積得十一个爲上下闊之和。加較三折半得下闊七个。減較三得上闊四个。

如有積與上下闊和求上下闊者則倍積以和除之得層數四減一餘三爲上下闊之較　或有積與層數求上下闊者則於層數內減一卽得上下闊之較。以層數除倍積卽得上下闊之和有較有和則得

上下闊矣

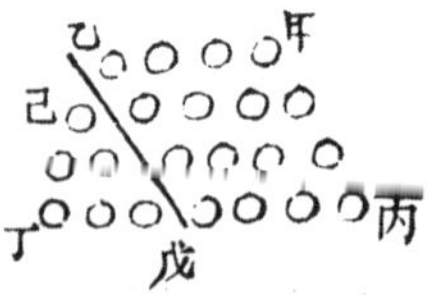

甲乙丙丁梯形丙丁下闊比甲乙上闊多戊丁三个卽爲己戊三層加一得甲丙四層

⑥如一面六角堆每邊三个求積　曰十九个

法分作六面三角算之以每邊三減一餘二爲每面三角之底用弟一條法求得積三个六因之得十八个加

中心一个卽是

⑦如前形積十九求每邊數則以積十九減中心一餘十

八六歸之得三爲一面三角積照第二條法求得邊二个加一得三即是此即舊名員束者本以六包一

不能成員舊云員束實六角也

(八)如方束外周八个問積　曰九个

法以八个添四角四个共十二个四歸得每邊三个

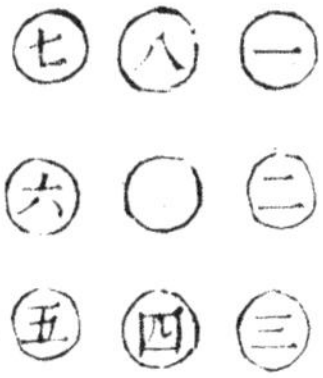

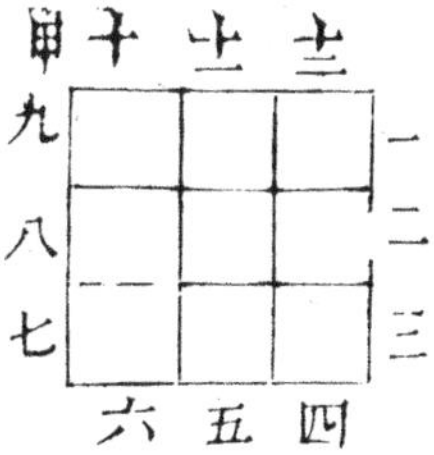

自乘即得蓋方束與方田不同方田計邊則四角重計（如甲角一邊註九一邊註十是也）故外周得十二方束計个則四角不重計故外周止得八必加四角共四个乃合方田十二之數而可用方田法算之也　又法以

八个爲闊以八个加八个。得十六个爲長相乘得一百二十八个以十六爲法除之得八个加中心一个合問蓋方束起於外八包中一去中一卽變成長方

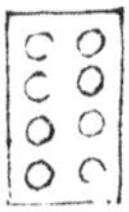

形闊二長四今以八爲闊是四其闊以十六爲

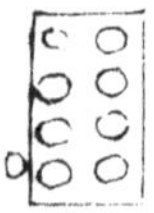

長是四其長相乘得十六个長方故以十六除之也

⑨如方束外周十六問積　曰二十五个照上條第一法

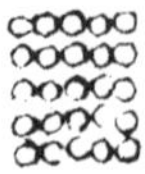

不必言亦可照又法以十六爲闊又以十六加八共二十四爲長相乘得數以法十六除之得二十四加中心一合問　照前論二十五去中心一變成

長方形闊四長六今以十六爲闊是四其闊以

二十四為長是四其長相乘得十六个長方形故以

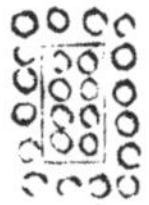

十六除之加中一　按方束不論周有幾層但多一層即多一个八取上變形圖外周截看便見

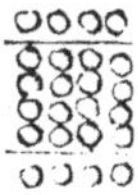

左右各四即內層之八也增上下各四是多一个八也而法無異者蓋以外周為闊例得四个闊以外周加八為長例得四个長也　已上二條每邊係奇數（上條每邊三此條每邊五）故有中心一若此條則不然

⑩如方束外周十二問積　曰十六

法照前以十二為闊以十二加八為長相乘得數以

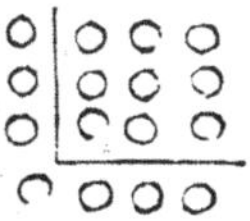

法十六除之添一合問　按方束外周八包中心一則心一本居正中雖層添外

周而心一之居中不移合此圖上添一曲尺非添一周故心不中然法無異者蓋十六去一餘十五變為長方形闊三長五以十二為闊亦四其闊以十二加八為長亦四其長也

(十一)如方束十六問外周。曰十二。用開平方法求得每邊四个四因之得十六个減四角四个即得。又法以積十六減一餘十五以十六乘之得數為長方積以八為長闊之較用帶縱較數開平方法算之得外周十二此以外周求積法反用之者也。彼法添心一此則減心一彼法用十六除此則用十六乘也。

(十二)如三稜束外周十八求積。曰二十八个。

法以外周十八个加三角三个三歸之得每邊七个理具弟八條照弟一條法算之　又法以十八个爲闊又以十八个加九个共二十七个爲長相乘得數以十八爲法除之加中心一合問蓋二十八个去心一餘二十七个變成

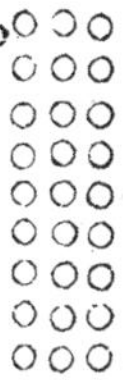

長方形闊三長九今以十八爲闊是六其闊以二十七个爲長是三其長三六相乘得十八个長方形故以十八爲法除之　三稜束始於外九包中一外多包一層卽多一个九包中兩層故外周二九得十八也亦有心不居中者如下條

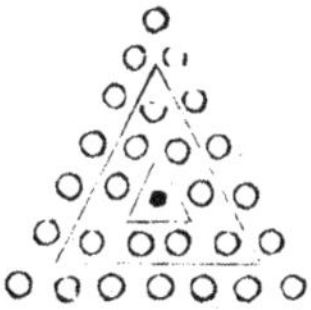

如外周十二求積　曰十五个

照上又法

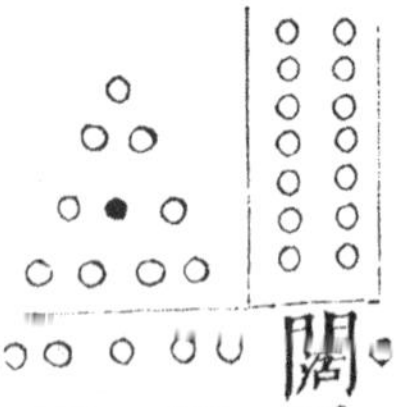

十五去　餘十四變為長方形闊二長七以十二為闊是六其闊以二十一為長是三其長相乘得十八个長方形故以十八除之　此必不中者以外周止加一邊非加一周也

⑭如前積十五求外周　曰十二个

法照弟二條求得每邊五个三因之得十五个減三角三个餘十二合問　又法以積減一餘十四以十五乘之以九為長闊之較用帶縱較數開平方法算之得闊十二即外周數也此即有周求積法反用之耳

(五)如員束外周十二求積　曰十九个

法分六面三角算之以外周十二用六歸之得二爲一面三角之底邊照弟一條法算之得積三个六因之得十八个加中心一个合問　又法以外周十二

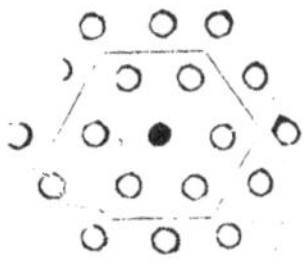

爲闊以外周十二加六共十八爲長長闊相乘得數以十二爲法除之加中心一合問蓋員束起於外六包中心一外周加一層則添一个六此形外周十二比內周多一个六合內外共三个六加中心一共十九若減去中心一餘十八變爲長方形闊三長六今以十二爲闊是四其闊以十八爲長是三其長長闊相乘

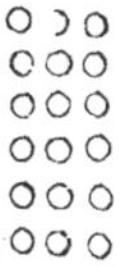

得十二个長方形故以十二除之而加心一也

(十六)如前積求外周則以積十九減中心一餘十八六歸之得三倍之得六爲長方積以一爲長闊之較用帶縱較數開平方法算之得闊二以六因之得外周十二

又法以積減一餘以十二乘之得長方積以六爲長闊之較用帶縱較數開平方法算之得闊十二即是此即有周求積法反用之耳

(十七)如塹堵堆石底五塊求積　曰七十五塊

法以底五自乘得二十五爲底積又以層數五（底數即層數）數加一得六與底纍相乘得一百五十折半即得如圖甲乙丙丁庚塹堵堆乃五面句股形（戊己丙丁庚等面）合

成之體也。照前第一條論兩面句股形顛倒相合成長方面形比原層數多一層卽多一行

如圖多上行五个。

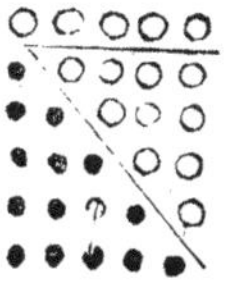

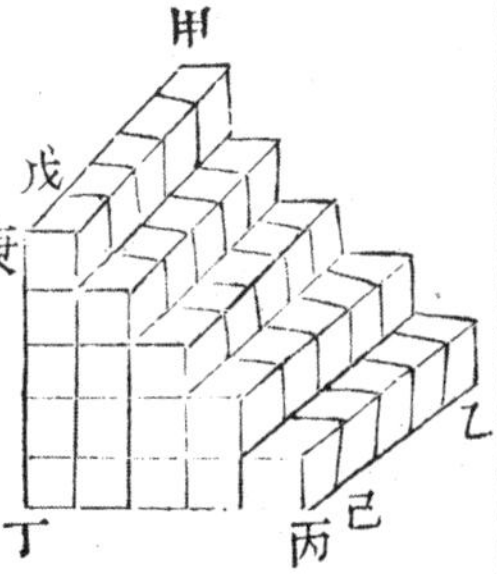

則兩塹堵形相合成長方體形。比原層數亦必多一層卽多一面。故以層數加一與底積相乘所以增其一面之數成長方體形爲塹堵堆之二倍而折半得之也。

（十八）如三角尖堆每邊五。求積。 曰三十五。

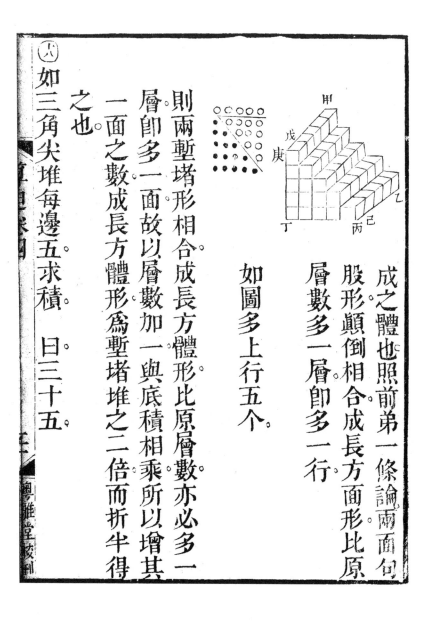

法以邊五加一得六以乘邊五折半得底層積十五詳弟一條再以高五層加二得七層與底積相乘三歸之試以棋子照圖內所書數目堆垜爲三角形書二者垜二層書三者垜三層餘倣此

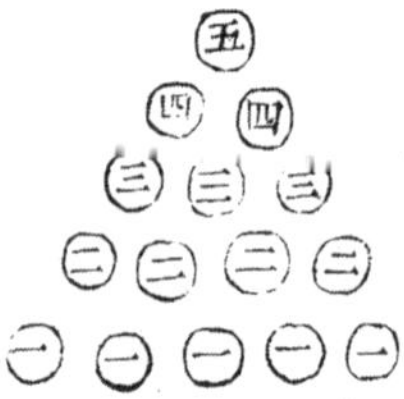

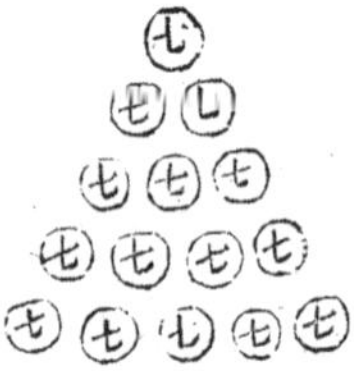

一層者底也二層者自下而上之弟二層也餘倣此　此形積三十五若三其積得一百〇五卽成下圖俱高七層故以層數五加二爲七以乘底層十五得一百〇五爲三倍原積而三歸得之也另有說詳下二十二條

又法以邊五加一乘邊五不折半再以高五層加二

乘之六歸得積。又法以每邊五自乘再乘得一百二十五爲弟一數。再以每邊五自乘得二十五爲弟二數。又以每邊五加一得六乘邊五得三十倍之得六十爲弟三數。併三數得二百一十六歸之卽得此與弟二法同。蓋邊五自乘再乘是未以長加一乘闊亦未以層數加二再乘也。因未以長加一乘闊則其自乘所成之正方面形必比前五與六相乘所成之長方形少一行五个。又以高五層乘之共少二十五个。故以弟二數補之。因未以層數加二再乘則其高必比前所得之高少二層之數（每層五六相乘得三十）。故又以三數補之也。又一法（見二十四條）。

(十九)如前積三十五求邊　曰五个。法以積三十五六因之得二百一十。以一爲長與闊之較。以二爲高與闊之較。用帶兩縱不同較數開立方法算之得闊五。即是此即有邊求積之弟三法而反用之者耳

(二十)如四角尖堆果一垛。每邊三个。求積　曰十四个。法以三个爲底闊。又以三个添半个共三个半爲底長。相乘得十个半。爲長方面積。又以底三个即爲高三層。加一个爲高四層。以乘十个半得四十二个。爲長方體積。三歸之合問。　此即直線體篇弟七條合三个尖方體積與一个同底同高之方體等積之理

也如有甲丙己庚正方形每邊三寸自乘再乘得積二十七寸從丙己甲庚二線剖爲兩半成一甲丙戊己庚壬塹堵形一甲丙己庚乙辛塹堵形

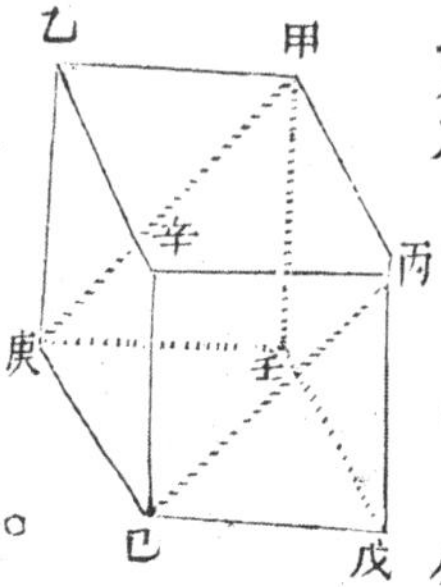

然則合二塹堵形以成一正方乃邊三自乘再乘無異若合二塹堵堆垛形則成一長方高須加一个如上弟十七條所云若以三自乘再乘則損積矣此高加一層之所以然也又將甲丙戊己庚壬塹堵形從甲己甲戊線剖開成一甲庚己戊壬陽馬形陽馬形與尖方體積等見直線體弟八條其積九寸爲上圖

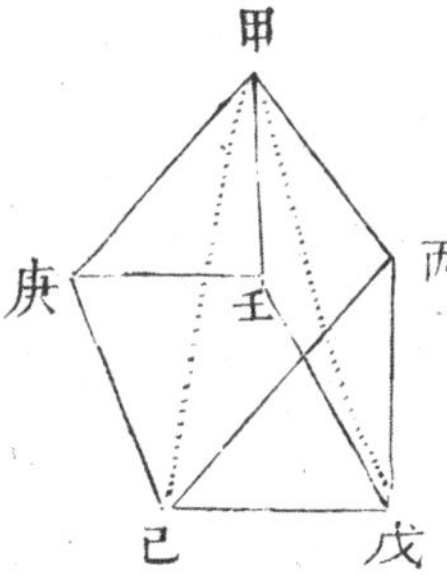

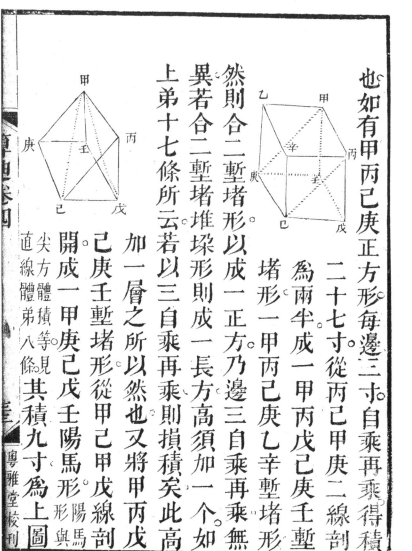

正方體積三分之一。又成一甲丙戊己鼈臑形。其積四寸半爲陽馬形積之半。然則以邊三自乘再乘爲正方形。卽二个陽馬形二个鼈臑形之共積也。二个鼈臑與一个陽馬等。則二陽馬。二鼈臑。卽三陽馬。亦卽三尖方也今照例以邊三自乘以高四層乘之。則得二陽馬二鼈臑之共積乎。曰可得二陽馬之積耳。若二鼈臑之積。則必少六个。爲下圖明之。

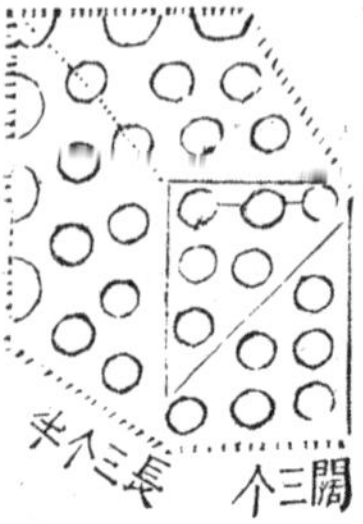

此圖計積四十二个。以一斜線剖作兩塹堵堆。各得二十一个此卽上圖之剖取一个塹堵堆者。又從子卯線剖之。得子丑寅

卯己寅之對角爲己也。陽馬形堆。計積十四个。又得辰子卯己鼈臑堆。計七个。試析爲二圖觀之。

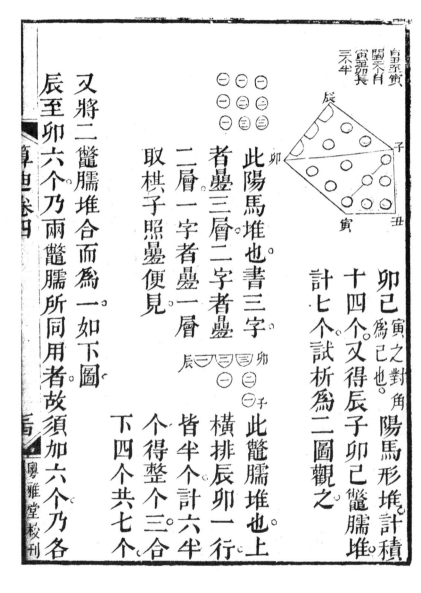

自丑至寅闊三个自寅至卯長三个半

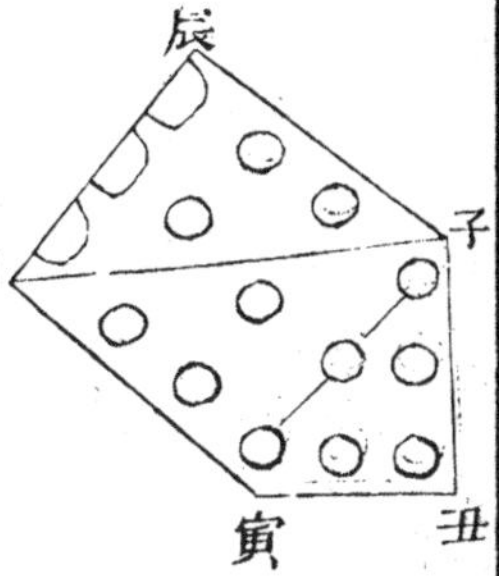

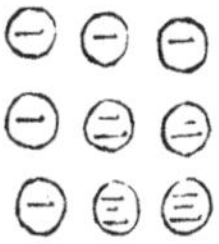

此陽馬堆也。書三字者疊三層。二字者疊二層。一字者疊一層取棋子照疊便見。

此鼈臑堆也。上橫排辰卯一行。皆半个。計六半个得整个三。合下四个共七个。

又將二鼈臑堆合而爲一。如下圖。

辰至卯六个。乃兩鼈臑所同用者。故須加六个。乃各

得其用今法加半个與底闊三个相乘得加一个半

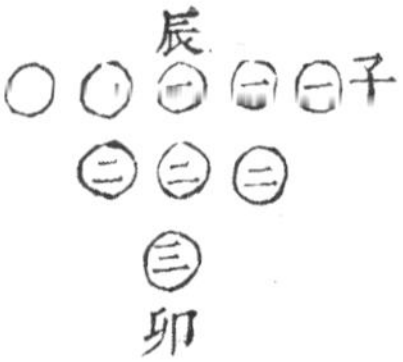

又以高四个相乘得加六个也若法不加半个而但以長三乘闊三以乘高四則陽馬堆雖無損而一鼈臑堆少辰卯六半个兩鼈臑堆共少辰卯六全个矣此加半个之理也

又法以邊三自乘再乘得二十七為第一數再以邊三自乘得九為弟二數又以邊三加一得四與邊三相乘得十二折半得六為第三數相併而三歸之卽得此與前法同蓋以邊自乘再乘是未加長半个與闊乘亦未加層數一个再乘也因未加一再乘則其

上層少一邊三自乘之九數。故以弟二數九補之。因未加長半个乘闊。則其傍少一面三角積數六。本少一長方面形。爲半个者十三折半變作三角形。則爲全个者六也。故以弟三數六補之。
又法照上十八條以邊三求得三角尖堆積十倍之。得二十爲兩三角尖堆積。凡兩个三角尖堆積比一个四角尖堆積必多一面三角積之數。盡兩个三角尖堆合底。其長比一个四角尖堆之底必多一行。如下圖。
甲乙丙。一个三角尖堆之底也。丁戊己。又一个三角尖堆之底也。合之則長四闊三。故比四角尖堆之底每邊三个者。爲多甲乙一行。既多甲乙一行。則多一

粵雅堂校刊

面之積六个矣。既多一面三角之積。於是又以每邊三加一得四與邊三相乘得十二。折半得六。爲一面三角之積。於兩个三角尖堆積

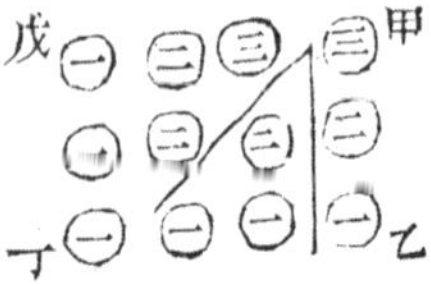

二十內減之。餘十四。卽是。

又法。照二十七條。以每邊三求得塹堵堆積十八。又照上十八條。以每邊三求得三角尖堆積十二。數相併得二十八。折半得十四。卽是。蓋四角尖堆與陽馬堆等。得塹堵堆三分之二。三角尖堆與鼈臑堆等。得塹堵堆三分之一。然則一个塹堵堆。卽一个半四角尖堆。故再加一个三角尖堆。三角尖堆爲四角尖堆之半。卽與二个四角尖

堆等積。故折半得之也。

(壬)如前條。以積求邊。則以積三因之。爲長方體積。以半个爲長與闊之較。以一个爲高與闊之較。用帶兩縱不同較數開立方法算之。求得闊五个。卽是此卽有邊求積法反用之耳。

(壬)如有長方堆形如上下不等芻甍體底長六个。闊四个。求積。曰五十个。

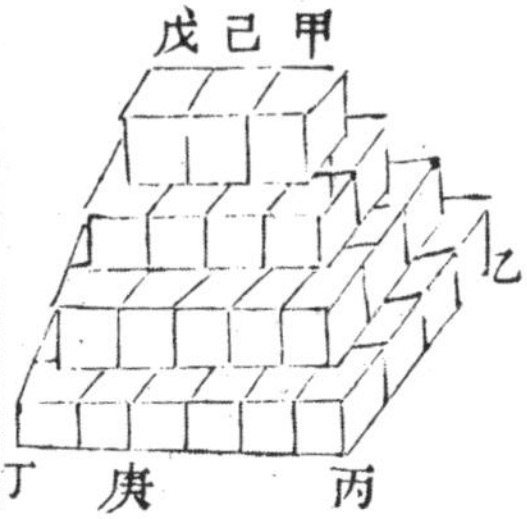

法先求甲乙丙庚四角尖堆積。以闊四乙丙與丙庚爲四角尖堆之底邊。照上二十條法。以丙庚四个。添半个。爲長。以乙

丙四个爲闊。相乘得十八个。又以甲至乙。高四層。加一个作五層再乘得九十个。三歸得積三十个。次求己庚丁戊兩个一面三角積以闊四爲底又以闊四加一得五爲層相乘得二十个。折半得十个。爲一面三角之積。又以闊與長六相減餘二乃二面三角相疊也。卽以減餘之二因之得二十个。與前所得四角積三十个併得五十个。合問。又法以闊四減長六餘二折半得一个。加半个共一个半。以加長六得七个半。與闊四相乘得三十个。又以闊四加一爲五層以乘三十个。得一百五十个。三歸之合問。此與前法同理蓋前法分爲一个四角尖堆兩个一面三角尖堆。其四角尖堆。固當加半个爲長。又加一个爲高。再乘得四角尖堆。積之三倍。其兩个一面三角尖堆。又當以庚丁乘乙丙。加一層。再乘。得二長方面形。爲兩个一面三角尖堆之二倍。因一爲三倍。一爲二倍。其倍數不同。故又以庚丁折半得一个。與庚丁相加。而後以高乘之。所以增一个長方面積。共得三長方面積。亦爲兩个一面三角尖堆之三倍。故以三歸之也。於此可悟第十八條三角尖堆又法。長加一乘闊不折半。再以高加二乘。而六歸之之理。蓋兩个。三角尖堆相合。則成一長方堆。底長比闊。必多一个。頂必二个。雙尖並立故也。照長方堆法算之。長減闊。餘一。折半。得半个。又加半个。共加一个。再以高三層加一个。乘而六歸之。得一个三角尖堆積芻甍法之高加一个。卽三角尖堆又法之加長一个也。高可爲長。長可爲高。無異也。芻甍法之加長一个。卽三角尖堆又法之高加二層也。何也。芻甍底長比闊己多一个矣。再於長四加一得五。非加二个乎。

又法以長六闊四相減。餘二。再加一得三。餘庚丁。卽己戊。再加甲一也。爲頂長。乃倍底長六得十二。加頂長得十五。與闊四相乘。得六十。再以高三層加一得四乘之。得二百四十。六歸之得積。此與弟二法同。蓋加一倍也。前法以底長六加个半。共長七个半。此法倍底長得十二而加三个。得長十五个。乃加一倍也故彼用三歸。此用六歸。

（二十三）如前積問云長比闊多二个。求長闊。　曰長六闊四。

法以積五十。三因之。得一百五十爲長方體積以長多闊二个。折半得一个。又加半个。得一个半與多二个相加。得三个半。爲長闊之較。以一爲高與闊之較用帶兩縱不同較數開立方法算之得闊四加二得長。

（二十四）如平頂三角堆底邊五。上邊三。求積。　曰三十一个。

法以底邊五依弟十八條法求得三角尖堆積三十五个。又以上邊三个。減一。餘二。爲上虛三角尖堆之每邊。亦用第十八條法。求得積四个。與三十五个相減。餘三十一个合問　又法以底邊五加一。得六。與邊五相乘。得三十。爲弟一數。又以上邊三與下邊五相併。得八。以三加一。得四乘之。得三十二。爲弟二數。兩數相併。得六十二。又以上邊三與下邊五相減。餘二。加一。得三爲層數。以乘六十二。得一百八十六。六歸合問

蓋兩个平頂三角堆。合之則成一个平頂長方堆。上闊三長四。下闊五長六。卽與弟二十七條圖同。此弟一數。以下邊五加一。乘邊五。卽彼條弟二數甲戊面積也。此弟二數。以上邊三加下邊五共八。以上邊三

加一上邊三爲闊。加一得四。爲長也。乘之即彼弟一數甲壬面積。長四乘闊三所得。弟三數甲己與甲丁兩面積之折半及弟四數也。上長四乘上闊五。得二十。與彼弟三數十九。弟四數一。相符。

(二十五)如平頂四角堆上方三个下方五个求積。　曰五十个。法以下方五个照弟二十條法求得四角尖堆全積五十五个又以上方三減一餘二爲上虛四角尖堆之每邊亦用弟二十條法求得積五个兩積相減餘即是。　又法做方窖見直線體篇弟一條。以上方三自乘得九个爲弟一數又以下方五自乘得二十五个爲弟二數又以上方三乘下方五得十五个爲弟三數又以上下方相減餘二折半得一个爲弟四數併四數得

五十个。又以上下方相減餘。加一。得三。爲高三个。乘之。得一百五十个。三歸之。合問。爲圖明之

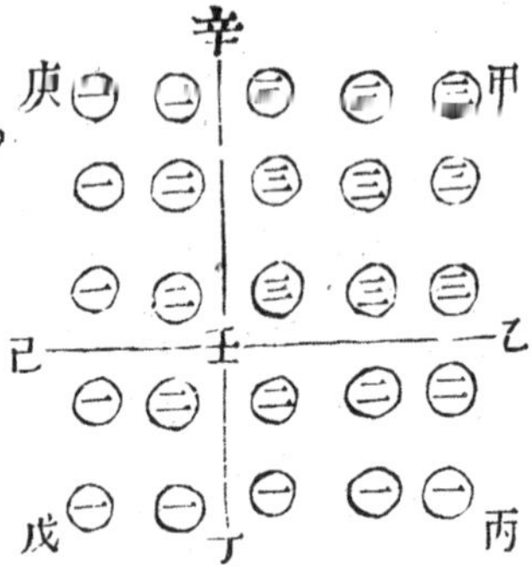

甲戊平頂四角堆。分甲壬爲方體。辛己及乙丁爲兩塹堵廉體。壬戊爲陽馬隅體。此借開平方法名色名之用棋子照數堞壘。即成平頂四角堆。如方窖形。但偏正異耳。弟一數上方甲乙三自乘。再乘高三。得一个甲壬方體積。弟二數下方甲丙五自乘。再乘高三。又得一个甲壬方體積。及辛己乙丁二个方體廉積。壬戊一个方體隅積。弟三數甲乙上方三乘甲丙下

方五。再乘高三。又得一个甲壬方體積。及一个辛己方體廉積。合而計之。共得三个方體積。又得三个方體廉積。卽六个塹堵廉積。又得一个方體隅積。卽三个陽馬隅積。以六个塹堵廉積。三个陽馬隅積。分傅三个方體。卽成三个平頂四角堆與方窖理同。然一个方體隅等三个陽馬體隅。在方窖則然。若堆垛則少三个。蓋壬戌陽馬隅計積五个。三隅計十五个。今止以底二个。自乘再乘高三个。得方體隅十二个。尚少三个。故須每層補一个。三層共補三个。而有弟四數也。

如前積。有上方三。求下方。則以上方三減一。餘二。爲上虛四角尖堆之底方用弟二十條法求得積五个與前積相加照弟二十一條有積求邊法求得下方五个　如有下方五求上方則以下方五依弟二十條法求得四角尖堆全積五十五个與前積五十个相減餘五个為上虛四角尖堆積照弟二十一條有積求邊法求得底方加一即所求上方

(三七)如平頂長方堆上長四个闊三个下長六个闊五个求積　曰六十二个

法以底長六闊五用弟二十二條法求得長方全堆七十个又以上長四闊三各減一餘長三闊二為上虛長方堆之長闊仍用弟二十二條法求得上虛長

方堆積八个於全積七十个內減之餘六十二个合問。又做直線體篇弟十一條上下不等長方體求積法。以上長四乘上闊三得十二為弟一數以下長六乘闊五得三十為弟二數又以上闊三乘下長六得十八上長四乘下闊五得二十二數併得三十八折半得十九為弟三數又以上下長相減餘二折半得一為弟四數併四數得六十二个又以上長與底長相減餘二加一得高三層與併得之六十二个相乘得一百八十六个三歸之得積合問為圖明之甲戊平頂長方堆一个內分甲壬為方乙丁及辛己為兩塹堵廉壬戊為陽馬隅弟一數以上長甲乙四

乘闊乙壬三得十二爲甲壬長方面積又以高二層乘之得三十六成一个方體積弟二數以下長甲丙六乘闊丙戊五得三十爲甲戊長方面

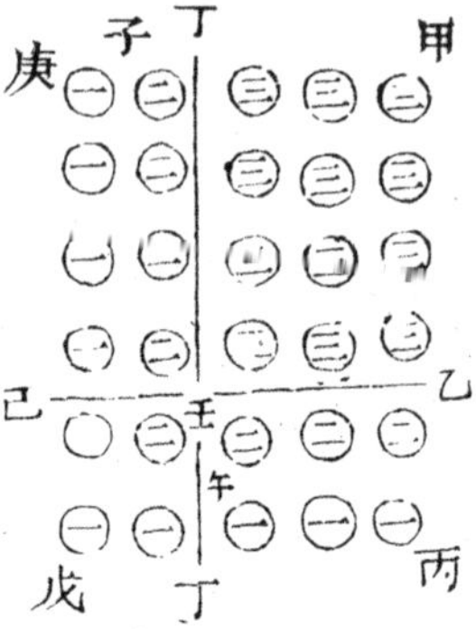

積再以高三乘之得九十爲一个方體積又爲兩方體廉積即四个塹堵體廉積又得一个方體隅積即三个陽馬隅體積弟三數又以上長甲乙四乘下闊甲庚五得二十爲甲己長方面積又以上闊甲辛三乘下長甲丙六得一十八爲甲丁長方面積併二數得三十八折半得十九蓋甲己長方內分甲壬長方及辛己長方甲丁長方內分

甲壬長方。及乙丁長方。合而計之。是甲壬長方二。辛己乙丁各長方一也。午之爲一甲壬長方。一子壬長方。一乙午長方。再以高三乘之得五十七。爲一个方體積二个塹堵廉積。辛己長方體爲兩个塹堵體積。則半辛己必爲一合塹堵體積。乙丁長方體爲兩个塹堵體積。則半乙丁必爲一个塹堵體積也。合而計之。共得三个方體。六个塹堵廉體。三个陽馬隅體。以六廉三隅分傅三个方體。成三个平頂長方堆。與直線篇所論同理。然一个方體隅。等三个陽馬體隅。在直線篇則然。而在堆垜。則少三个。蓋壬戊陽馬隅堆。計五个三堆。計十五个。今方體隅止以底二个自乘。再乘高三个。得十二个。尚少三个。故須每層補一个。三層共補三个。而有第四數也。

(卅八)如前積。有上長闊。求底長闊。則以上長闊各減一。為上虛小長方堆之底長闊。用二十二條法。求得積。與前積相加。得長方堆全積。用二十三條法。求得底長闊

如有底長闊。求上長闊。則用二十二條法。以底邊求得長方堆全積。與前積相減。餘為上虛小長方積。用二十三條法。求得小長方堆之底長闊各加一。即是

算迪卷四

譚瑩玉生覆校

算迪卷五　　嶺南遺書

難題　　南海　何夢瑶　報之氏撰

㊀設如有錢在百文以下。不知其數。以三數之餘二文。以五數之餘三文。以七數之亦餘二文。問錢總數幾何

曰二十三文。

法以七十。爲三數餘一之率。七十以五數七數皆盡惟以三數之則餘一故以爲率。言設五數七數皆無餘惟三數餘一則知其數爲七十也。雖三十五亦五數七數皆無餘而三數則餘二。不可爲率。故倍之爲七十。此立率之法也。二十一。爲五數餘一之率。三數七數皆盡。爲五數餘一也。十五爲七數餘一之率。三數五數皆盡。惟七數餘一也。乃以七十乘餘二。得一百四十。五數七數皆盡。三數餘二。知爲七十

則餘二必爲一百四十矣。以二十一乘餘三得六十三。以十五乘
餘二得三十。三數共併得二百三十三。設使問者云
在二百文以上。則此數竟合矣。二百三十三文分之爲三。一爲一百四十。
則三數餘二者也。一爲六十三。則五數餘三者也。一爲三十。則七數餘二者也。則合所餘之數計之必爲
二百三十三矣。因問者云。在一百以下。則須減兩个一百零
五。蓋一百零五乃三數五數七數俱盡之數。凡三㨾
數皆無餘者。知必一百零五。或兩个一百零五。或無
數一百零五。但覩問者界限酌減或酌增俱可也。今
問者云在一百以下。則於二百三十三內減一个一
百零五。所餘一百二十八。尚在一百以上。故又減一
百零五。所餘二十三。正合一百以下之問。故定其數

爲二十三也明此則或以五數七數九數命算皆可
倣此例推之
（二）設有三人治田一人日耘七畝一人日耕三畝一人日
種五畝今令一人自耕自種自耘問一日治田幾何
法以七畝三畝五畝連乘得一百零五畝爲治田總
衰數以每日耘七畝除之得十五日爲耘田衰數以
每日耕三畝除之得三十五日爲耕田衰數以每日
種五畝除之得二十一日爲種田衰數三數相併得
七十一日爲一率一百零五畝爲二率一日爲三率
得四率一畝四分七釐有餘卽每日自耕自種自耘
之數也此法蓋因一日耘七畝則一百零五畝須耘

十五日一日耕三畝則一百零五畝須耕三十五日
一日種五畝則一百零五畝須種二十一日併之得
七十一日是一人自耕自種自耘治田一百零五畝
卽知一日治田一畝四分七釐有餘也

㊂設如有銀三百九十六兩令甲乙丙丁四人分之甲得
二分之一又多十兩乙得五分之三內少三十兩丙
得三分之一又多八兩丁得四分之一內少六兩問
四人各得銀數幾何

法先以總銀三百九十六兩內減去甲多十兩丙多
八兩餘三百七十八兩又加乙少二十兩丁少六兩
共得四百零四兩爲各分之總銀數乃以甲分母二

乙分母五丙分母三丁分母四連乘之得一百二十爲總衰數於總衰一百二十內取二分之一得六十爲甲衰取五分之三得七十二爲乙衰取三分之一得四十爲丙衰取四分之一得三十爲丁衰併之得二百零二衰爲一率以各分總銀數四百零四兩爲二率一衰爲三率得四率二兩乃以二兩用甲衰六十乘之得一百二十兩加所多十兩得一百三十兩即甲所分之銀數用乙衰七十二乘之得一百四十四兩內減所少二十兩餘一百二十四兩即乙所分之銀數用丙衰四十乘之得八十兩加所多八兩得八十八兩即丙所分之銀數用丁衰三十乘之得六

十兩減所少六兩餘五十四兩即丁所分之銀數將四人所分之銀併之得三百九十六兩以合原數也

（四）設如甲乙丙三商貨殖二年共得利銀八千五百八十兩甲原出本銀三千兩至滿八月收回一千兩至滿十九月又添一千二百兩乙原出本銀二千四百兩至滿六月收回八百兩至滿十五月又添一千四百兩丙原出本銀二千兩至滿七月悉收回至滿十七月別出本銀一千六百兩各人分得利銀若干

法以甲本銀三千兩與八月相乘滿八月收回一千兩是八月以前皆爲三千兩得二萬四千兩又以收回一千兩與原本銀三千兩相減餘二千兩以八月與十九月相減餘十一

月。八月收回一千兩。餘二千兩。十九月後方添一千二百兩。則是八月以後。十九月以前。此十一月皆爲二千兩。以十一月與二千兩相乘得二萬二千兩。又以二千兩加所添一千二百兩得三千二百兩。以十九月與二年之二十四月相減餘五月。十九月後添一千二百兩。是十九月以後。二十四月以前。此五月皆爲三千二百兩。以五月與三千二百兩相乘得一萬六千兩。以三得數相併共六萬二千兩爲甲之共裒數。乙本銀二千四百兩與六月相乘。滿六月收回八百兩。是六月以前皆爲二千四百兩。得一萬四千四百兩。又以收回八百兩與原本銀二千四百兩相減餘一千六百兩。以六月與十五月相減餘九月。六月後收回八百兩。餘一千六百兩。十五月後方添一千四百兩。是六月以後。十五月以前。此九月皆爲一千六百兩。以九月與一千六百兩相乘得一萬四千四百兩又以一千六百兩加所添一千四百兩得三千兩以十五月與三年之三十四月相減餘九月十五月後添一千四百兩是十五月以後二十四月以前此九月皆爲三千兩以九月與三千兩相乘得二萬七千兩三數相併共五萬五千八百兩爲乙之共衰數丙本銀二千兩與七月相乘滿七月悉收回則七月以前皆爲二千兩得一萬四千兩又以十七月與二十四月相減餘七月與則出本銀一千六百兩相乘七月悉收回不算外至弟十七月方出本一千六百兩是十七月以後二十四月以前止七月也得一萬一千二百兩二數相併共二萬五千二百兩爲丙之共衰數以甲乙丙三衰數相併甲六萬二千乙五萬五千八百丙二萬五千二百共得一十四萬

三千兩爲一率總利銀八千五百八十兩爲二率一兩爲三率求得四率六分以各人衰數乘之甲得三千七百二十兩乙得三千三百四十八兩丙得一千五百一十二兩爲各人所得利銀之數也

(五)設如有一大石不知其重但知一小石重四兩求大石重幾何

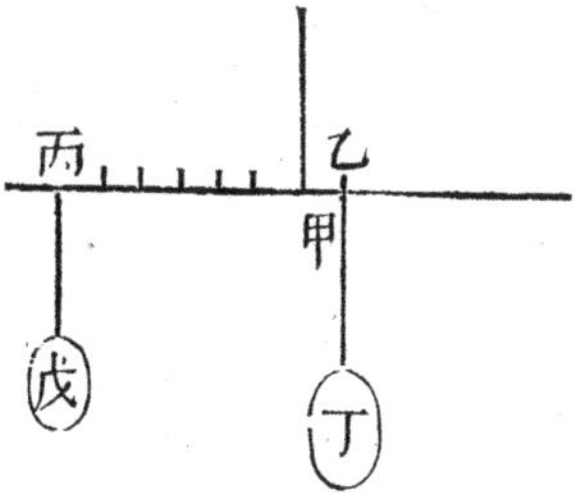

法用一木杆結繫於中兩端令平乃以大石掛於一端以小石作錘稱之如大石距提繫一寸小石距提繫六寸得平則以一寸爲一率小石重

四兩爲二率六寸爲三率求得四率二十四兩即大石之重也如圖甲乙爲大石距提繫一寸甲丙爲小石距提繫六寸丁爲大石戊爲小石戊小石之重即甲乙之分丁大石之重即甲丙之分故甲乙與戊小石之比同於甲丙與丁大石之比也

（六）設如有銀大小二錠共重十五兩求大小錠各重幾何

法用一木杆結繫於中兩端令平乃以大錠小錠各

掛一端如大錠距提繫四寸。小錠距提繫六寸。得平則以四寸六寸相加得十寸爲一率。共重十五兩爲二率。大錠距提繫四寸爲三率。得四率六兩。卽小錠之重。如以小錠距提繫六寸爲三率。則得四率九兩卽大錠之重也。如圖

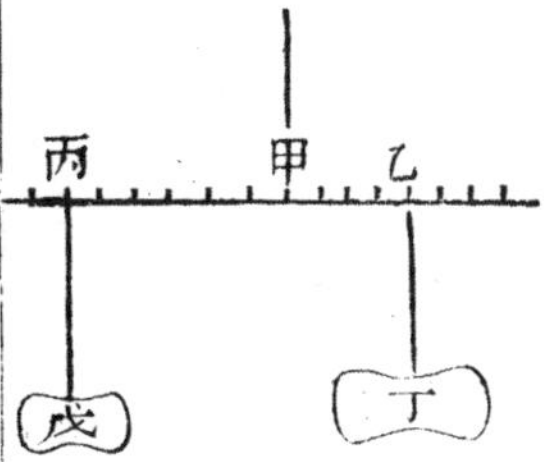

甲乙爲大錠距提繫四寸。甲丙爲小錠距提繫六寸。故以甲乙甲丙共分與丁戊共重之比。同於甲乙與戊小錠之比。亦同於甲丙與丁大錠之比也。

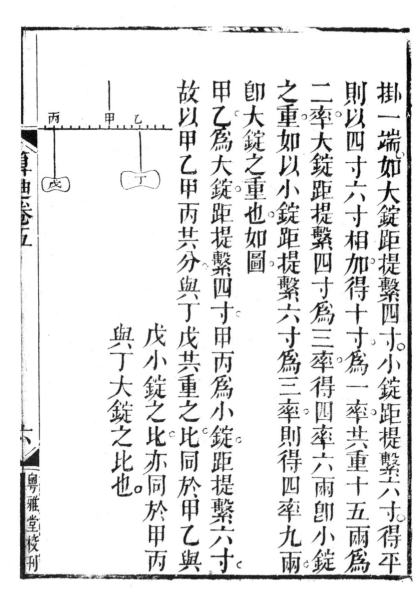

⑦如有稱稱頭比稱尾輕四錢。錘重九兩。因失去錘借一重十二兩之錘。稱物得四兩。問原錘稱物重若干

曰五兩二錢。

法以原錘九兩作一率。今錘十二兩作二率。物重四兩爲三率。求得四率四兩八錢。加抵頭輕四錢。共得物重五兩二錢。合問。何則。試以九兩之錘稱物得四兩。其平如水。設加錘三兩。爲三分加一。則當於物加一兩二錢。亦爲三分加一。何者。物雖四兩內減抵補頭輕四錢。實重三兩六錢。三分之得一兩二錢也。乃仍其平。問何故減

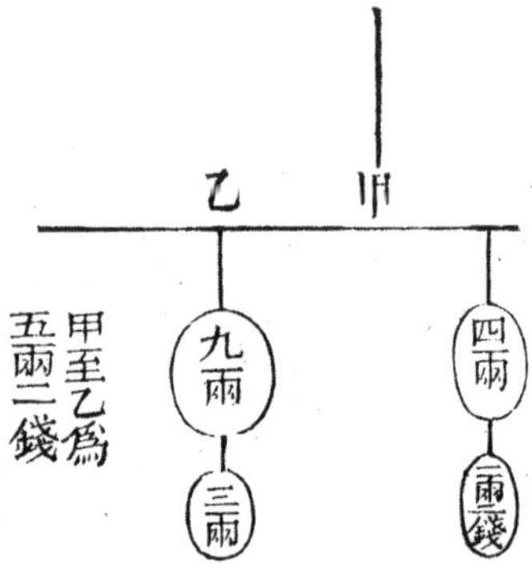

抵輕四錢。曰：因稱頭輕於稱尾四錢，得物之四錢，乃與稱尾相平，則物雖重四兩，而以其四錢抵補頭輕爲取平之法。實餘三兩六錢爲與錘相敵之數也。三兩六錢敵九兩，爲三分敵三分，一兩二錢敵三兩爲三分之一，敵三分之一。若於稱鉤上搭馬，今錘四錢，則稱物之重，卽爲實數，不用抵補頭輕矣。

加三兩，而物不加一兩二錢。故須壓少一兩二錢，當四兩之處，乃得其平也。若頭尾等重之稱，不用加減。下條同。此加錘稱物之法。凡稱小不能稱重物者用之。

（八）設如前稱稱物重五兩二錢，後失去錘，不知錘重，今欲造同一錘，問應重若干。　曰：九兩。

法以物五兩二錢減抵輕四錢，餘四兩八錢爲一率，以十二兩之錘稱此物，得四兩，內減抵輕四錢，餘三兩六錢爲二率，今錘十二兩爲三率，求得四率九兩

即原錘之重

(九)設如河口上寬十尺下寬六尺深五尺求每日流水幾何

法以木板一塊置於水面用驗時儀墜子候之看六十秒內木板流遠幾丈如流遠十丈即以十丈變爲一百尺乃以河上寬十尺與下寬六尺相加折半得八尺與河深五尺相乘得四十尺又與木板流遠一百尺相乘得四千尺即六十秒內所流之數又以六十秒收爲一分爲一率水流四千尺爲二率以每日二十四小時化爲一千四百四十分一小時爲四刻一刻爲十五分爲三率求得四率五千七百六十萬尺即一日內所

流之數也此法先用木板以驗水流之緩急水急則木隨水流亦急水緩則木隨水流亦緩看水之緩急卽知水流之多少故先求得河口面積再以遠乘之卽得水流之積數也

㊉如甲米換乙銀取米三分之一換之則米少二石甲米十二石三分一則四石也每石價一兩零五分四石共價銀四兩二錢而乙銀爲六兩三錢計多二兩一錢在銀爲多二兩一錢在米爲少二石也米換銀如人分銀常法人分銀止言銀多不言人少今言米少卽如言人少也此於常法稍變若每石取二分之一換之則適足問米及銀數　曰米十二石　銀六兩三錢

法用互乘減併如下圖

右　米三分斗之二分　　少二石
互乘得六分爲總母　　減餘一分爲法
左　米二分斗之一三分　　適足
併得少二石乘母六分得十二石爲實

此單法之用通分者。何則。取全米十二石分爲二分得每分六石。卽同取全米十二石中之一石分爲二分每分得五斗也。十二之比六。卽一之比五。皆二與一之比例也。取全米十二石分爲三分。每分得四石。卽同取全米十二石中之一石分爲三分。每分得三斗三升三三不盡也。米換銀。如銀買物。每石出五斗換之而適足。出三斗三升三三不盡換之而少二石。如每銀一兩出五錢買之則適足。出三錢三三買之則銀少二兩。因單法也因三斗三升三三不盡難算。故變每石取三斗三三不盡。爲每石取三分之一。又變爲全米取三分之一。變每石取五斗爲每石取二分之一　又變爲全米取二分之一也既變石斗爲分數當用通分法以兩分母互得六分爲總母又以右母三互左子一得三分通二分之一爲六分之三以左母二互右子一得二通三分之一爲六之二也夫左右皆化爲六分是分數同也而中層差一分則下層差二石是一分卽二石也故以一分爲一率二石爲二率六分爲三率求得四率十二石也

⑪如井不知深卽上條銀不知數也。有繩一條不知其長卽上條米不知數也但知取繩二分之一比井深適等若取繩三分之一

比井深。則繩短二尺。問繩長井深。　曰繩長十二尺。

井深六尺。

法同上條。

（十二）如有紗一匹。卽上條繩長。欲作帳子。其每幅之長照舊帳。卽上條井深。先摺作六幅。每幅比舊帳長一尺二寸。後將此紗用去二尺四寸。將餘紗摺作七幅。則每幅與舊帳之長恰等。猶云摺七幅則比舊帳長二寸也何則七幅其用去一尺四寸是一幅用去二寸也用去二寸。而與舊帳幅等。則未用去之原紗。每幅必比舊帳長二寸矣。問原紗長及舊帳每幅長各若干。　曰紗四丈二尺　帳五尺八寸

法照上條。用兩盈法算之。

（十三）如商人販緞。不知每匹價銀若干。緞價如上條紗之長。稅銀若干。

稅銀如上條舊帳幅但云每匹價取二十分之一納稅則多銀一錢若取四十分之一納稅則適足問緞每匹價銀及稅銀　曰每匹價四兩　稅銀一錢

法同井深條

⑭此問可改云每匹取二十分之一準折稅銀則多銀一錢每匹價四兩以二十分分四兩得每分二錢比稅銀多一錢也若取四十分之一折稅則適足

⑮亦可改云每販二十匹取一匹準折稅銀則多銀二兩二十匹價銀八十兩稅銀二兩而每匹價銀四兩故比稅銀多二兩若販二十匹取半匹折稅則適足此已上皆盈朒單法耳若又改云每販二十匹取一匹折稅則多二兩若販四十匹取一匹折稅則適足便當用雙套法算之矣詳下文

(十六)如有房不知間數。房如人不知間數。如不知人多少。亦不知房價。如不知每人應得銀多少。若干八若應得銀若干也但云房六間每年租銀二十四兩。猶每六人得銀二十四兩。五年後。每年租銀二十四兩。則五年租銀爲一百二十兩。猶每六人得銀一百二十兩也。當照一百二十兩算之。勿爲問語所惑。適得同本銀。此即每六間價銀一百二十兩。適足也。蓋可言租。亦可言價。均之以房取銀耳。○房一百四十四間。是二十四个六間價二千八百八十兩。是二十四个一百二十兩。故爲適足。若每房八間每年租銀三十五兩。八年後一年租銀三十五兩。則八年租銀爲二百八十兩。除得同本銀外。又得利銀二千一百六十兩。房一百四十四間是十八个八間。得租銀二百八十兩。則十八个八間。當得租銀五千零四十兩。除原價二千八百八十兩外。尚得利二千一百六十兩。問房數及價。

曰房一百四十四間　價二千八百八十兩

法如下圖。

六間　銀一百二十兩九百六十　適足

互四十八間

八間　銀二百八十兩一千六百八十　多二千一百六十兩

相減餘七百二十兩爲法

乘總母四十八間得十萬零三千六百八十兩爲實

法除實得房一百四十四間。○此雙套法但問語易惑人所謂難題也故詳註之　雙套法分法詳後

㊆如有米易銀只云以米三分之一易銀六兩三錢此與上甲米換乙銀係同但彼所換爲全銀故曰換之此所換乃全銀中之六兩三錢稍異耳則米少二石。米本十二石價銀本十二兩六錢三分其米得四石石亦三分其價得四兩二錢今四石而易六兩三錢。計銀多二兩一錢爲米二石之價何者以四石分四兩二錢見每石價一兩零五分則二兩一錢固米二石之價也而在銀爲多二兩一錢在米爲少二石矣○所多銀二兩一錢既就四兩二錢言則所少之

米。亦就四石言。非就全米言也。若以米二分之一。易銀四兩二錢。則米多二石。問米數銀數。　曰米十二石　銀十二兩六錢。

法如圖。

以右母三互左子一。是通左二分一爲六分二。以左母二互右子一。是通右三分一爲六分三。此與甲乙條同者。又以互得之右子二互左銀四兩二錢。多米二石。是通左米二分之一。易銀四兩二錢。多米二石。

爲左米六分之二易銀八兩四錢左銀四兩二錢。本原銀十二兩六錢之三分一。以二互之。則爲六分之二。多米四石。左米二石。本爲元米折半六石之三分一。以二互之。則爲六分之二。是三者皆六分之二也。又以互得之子三。互右銀六兩三錢。少米二石。是通米三分之一易銀六兩三錢。少米二石爲右米六分之三易銀十八兩九錢。右米六兩三錢。本爲元銀十二兩之二一分一。以三互之。則爲六分三。少米六石也。右少米二石。本三分元米十二石爲四石之二分一。以三互之。則爲六分三。是三者皆六分三也。左右米既同爲六分。而銀差十兩零五錢。則米差十石。是十石價十兩零五錢。一石價一兩零五分也。再詳下條末。

(六)

如先求米數法。於上圖母子互後。去母一層。餘子之二之三列爲中層。以銀數列爲上層。則變爲雙套常法矣。常法求米數者下層盈朒爲銀。中層亦爲銀。以銀除銀得米。此下層既爲米。則中層亦當爲米。乃以米除米。而得米也。

如下圖

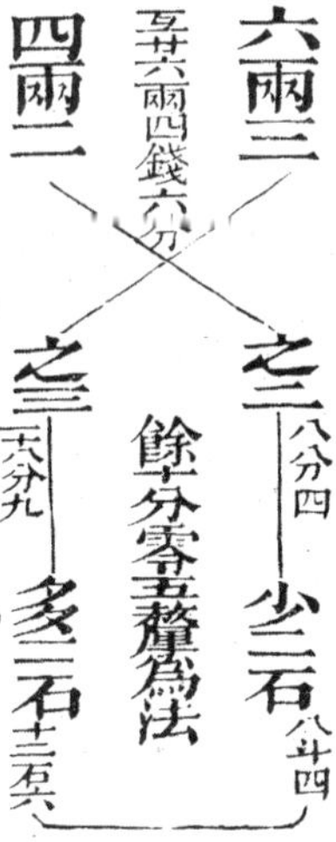

併二十一石乘中層分母六。二三相因得六。得一百二十六石爲實。法除實得米十二石。蓋互乘後則右爲二十六兩四錢六分買米八分四釐少八石四斗。左爲二十六兩四錢六分買米十八分九釐多米十二石六斗。夫銀數既同而米差一分零五釐。則盈朒相差二十一石。故知十分零五釐之比二十一石。即同六分之比十二石也。

論曰此依常法以米十分零五釐如每十石價十兩

零五錢。求總米十二石。故法實照常。上條則以米十石求每石之價一兩零五分。故法實倒用也。

（十九）又先求米價法。亦於上圖母子互後。去分子一層。留分母一層。如下圖

三分	六兩三錢　十六兩九錢	少二石　六石
二分	四兩二錢　八兩四錢	多二石　四石

餘十兩零五錢為實

併得十石為法

右銀及少米俱以右三分通之。即如第一圖以左分子三互之也。得銀十八兩九錢。少米六石。左銀及多米俱以左二分通之。如第一圖以右分子二互之。得銀八兩四錢。多米四石。按此惟分子相同。及母子俱一位者。乃可用以取捷否

則不必也。

(千)設如有一數不知幾何。但云以三乘之。再加一十。又以四乘之。再加二十。又以五乘之。再加三十。又以六乘之。再加四十。共得六千七百。問原數幾何。

法先以所加之一十以四乘之。又以五乘之。又以六乘之。得一千二百。再以所加之二十以五乘之。又以六乘之。得六百。再以所加之三十以六乘之。得一百八十。乃以所得之三數相加。得一千九百八十。併所加之四十。共二千零二十。與共數六千七百相減。餘四千六百八十。為連乘之整數。乃借一衰為原數。以三乘之。仍得三。又以四乘之。得一十二。又以五乘之。

得六十。又以六乘之得三百六十。衰爲一率。原數一衰爲二率。以連乘整數四千六百八十爲三率。求得四率十三。卽爲原數也。

此法蓋因三乘原數外加一十。而又用四乘五乘六乘。則此一十已用四乘五乘六乘矣。四乘後加二十。而又用五乘六乘。則此二十已用五乘六乘矣。五乘後加三十。而又用六乘。則三千已用六乘矣。故將一十二十三十之數。亦用連乘。併後所加之四十與共數相減。然後爲三四五六與原數連乘之整分。而以三四五六連乘所得之三百六十。與原數一爲比例。卽同於今三四五六連乘所得之四千六百八十與

原數十三之比例也

（廿二）設如甲乙二車運糧甲車先行二日乙車後行五日追及甲車比乙車運價少五錢又甲車先行二日乙車後行七日追過甲車八十里甲車比乙車運價少一兩一錢問甲乙二車日行里數及運價各幾何

法以乙車五日爲正甲車七日爲負里數相等作一空位（甲車先行二日乙車行五日追及是乙車行五日甲車行七日其里數相等也）運價多五錢爲正列於右又以乙車七日爲正甲車九日爲負過八十里爲正運價多一兩一錢爲正列於左乃以右乙五日遍乘左乙七日甲九日多八十里多一兩一錢得乙三十五日仍爲正甲四十五日仍爲負

多行四百里運價多五兩五錢仍爲正又以左乙七日遍乘右乙五日甲七日運價多五錢得乙三十五日仍爲正甲四十九日仍爲負多三兩五錢仍爲正里數相等無可乘仍爲空位於是以左行爲主兩下相較則乙各三十五日彼此減盡甲兩下相減餘四日主行少變負爲正里數無可加減仍得四百里爲正價兩下相減餘二兩依主行爲正卽甲車四日行四百里運價二兩也以四日除四百里得一百里爲甲車每日所行之里數以四日除二兩得五錢卽甲車每日之運價以乙車七日比甲車九日多行八十里價多一兩一錢計之則甲車九日行九百里加多

八十里共九百八十里爲乙車七日所行之里數以七日除之得一百四十里卽乙車每日所行之里數甲車九日運價四兩五錢加多一兩一錢共五兩六錢爲乙車七日之運價以七日除之得八錢卽乙車每日之運價也此法因有里數運價二種或名疊脚然不過除兩次耳若里數爲較運價爲和難以分列正負者則分兩法算之

（三十二）設如甲乙丙三人有銀各不知數只云甲得乙銀二分之一乙得丙銀三分之一丙得甲銀四分之一則各得七百兩問三人原銀各幾何

法先以甲三分乙一分共七百兩列於右甲原銀四分丙得去一

（一分餘三分又得乙一分故為甲三分乙一分共七百兩丙無數作空位以存其分）又以甲一分丙二分共七百兩列於左（丙原銀三分乙得去一分餘二分又得甲一分故為甲一分丙二分共七百兩乙無數亦作空位以存其分）乃以右甲三分遍乘左甲一分丙二分共七百兩得甲三分丙六分共二千一百兩又以左甲一分遍乘右甲三分乙一分共七百兩仍得原數於是以右行為主兩下相較則甲各三分彼此減盡乙一分無可減仍為一分依主行為正丙六分無可減仍為六分本層無數則為負銀兩下相減餘一千四百兩主行少為負即乙一分比丙六分少一千四百兩也次以乙一分為正丙六分為負少一千四百兩為負列於右又以乙一分丙一

分。共七百兩。列於左。乙原銀二分。甲得去一分。餘一分。又得丙一分。故爲乙一分。丙一分。共七百兩。因爲和數。故不用號。因首色皆爲一。故省互乘兩下相較。則乙各一分。彼此減盡。丙六與丙一相加得七分。銀一千四百與七百兩相加得二千一百兩。卽爲丙七分之共數。以七除之。得三百兩。爲丙一分之數。以丙原銀三分乘之。得九百兩。爲丙之銀數。以乙一分丙一分。共七百兩計之。則於七百兩內減去丙一分三百兩。餘四百兩。卽乙一分之數。以乙原銀二分乘之。得八百兩。爲乙銀之數。以甲三分乙一分。共七百兩計之。則於七百兩內減去乙一分四百兩。餘三百百兩。三歸之。得一百兩。卽甲一分之數。以甲原銀四

分乘之得四百兩爲甲之銀數也

（二十三）設如有長方面積八百六十四步一長二闊三和四較共三百一十二步問長闊各幾何

法以積數八因之得六千九百一十二步爲大長方形積乃以長闊和較共數三百一十二步爲長闊和折半得一百五十六步爲半和自乘得二萬四千三百六十步與六千九百一十二步相減餘一萬七千四百二十四步開平方得一百三十二步爲半較與半和一百五十六步相減得二十四步爲原闊數以闊除原積八百六十四步得三十六步爲原長數也

此法蓋因三和內有三長三闊加一長二闊共四長

五闊加以四較加於四闊則又成四長是共得八長一闊此三百一十二步即八長一闊之共數今將原積八倍之成一大長方形其闊即原闊其長爲原長之八倍故以三百一十二爲長闊和求得闊即爲原闊以原闊除原積即得原長也

(卅四)設如買果木樹不知樹數亦不知樹價但知樹每株之價爲樹共數之六倍而每株脚錢六文其脚錢共樹價共三千六百文問樹每株價及樹數各幾何

法先以共錢三千六百文六因之得二萬一千六百文爲長方積脚錢六文爲縱多爰以縱多六文折半得三文爲半較自乘得九文與二萬一千六百文相

加得二萬一千六百零九丈開平方得一百四十七丈爲半和內減半較三丈得一百四十四丈爲樹每株之價六歸之得二十四爲樹之共數也此法以樹數爲闊樹價幷脚錢爲長成長方形因每株之價爲樹數之六倍是長爲闊之六倍又多六丈故六倍其積則長比闊多六丈故以帶縱開方法算之得闊爲樹價六歸之得樹數也

㊄設如一河闊一丈二尺中間生一蒲草出水面三尺斜引蒲稍至岸適與岸齊問蒲長水深各幾何

法以河寬一丈二尺折半得六尺爲句以蒲稍出水三尺爲股弦較乃以句六尺自乘得三十六尺以股

弦較三尺除之得一十二尺為股弦和加股弦較三尺得一十五尺折半得七尺五寸為弦即蒲之長丙減股弦較三尺餘四尺五寸為股即水之深也如圖

甲乙為河寬丙丁為蒲長與甲丁等戊丁為水深丙戊為蒲稍出水三尺故戊丁為股甲戊為句甲丁為弦丙戊為股弦較用有句有股弦較之法求得股為水深得弦為蒲之長也

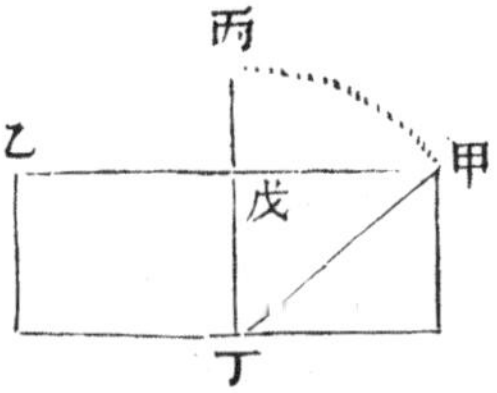

(三六)設如圓柱高二十一尺周四尺以繩自底至末繞柱七周與柱適齊問繩長幾何

法以柱周四尺七因之得二十八

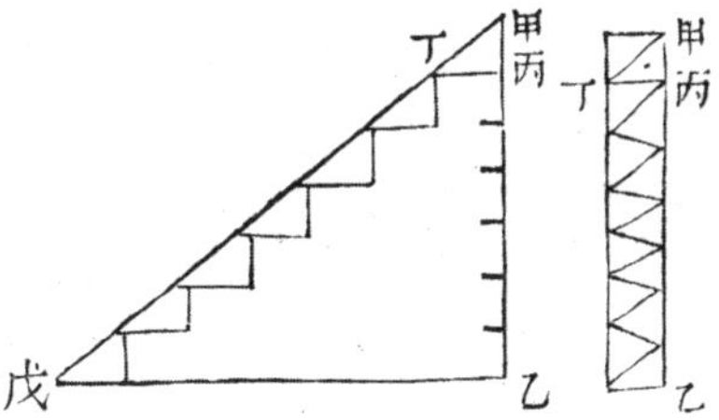

尺爲股柱高二十一尺爲句求得弦三十五尺卽繩之長也此法蓋合七句股爲一句股算也如圖甲乙爲柱高二十一尺甲丙爲七分之一若將柱面平鋪之成一平面則丙丁卽柱周四尺甲丁卽繩繞柱之一周成甲丙丁句股形今柱高爲甲丙之七倍繩長爲甲丁之七倍故將柱周亦加七倍成甲乙戊句股形甲乙爲句乙戊爲股求得甲戊卽繩長也

(二七)設如一方匣內對角斜容一比例尺長一尺一寸寬三寸問匣方邊幾何

法以比例尺寬三寸與長一尺一寸相加得一尺四寸自乘折半開方得九寸八分九釐九毫

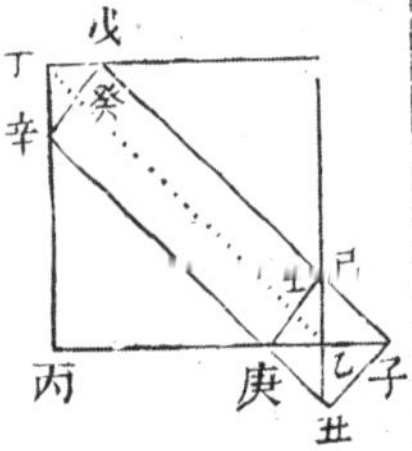

即方匣之邊數也如圖甲乙丙丁方匣內容戊己庚辛比例尺丁乙爲對角斜線癸壬爲比例尺之長壬乙與丁癸二段與己庚寬度等蓋以己庚度作己子丑庚正方形則乙爲方之中心壬乙爲己庚方邊之一半與壬庚等而壬乙與丁癸兩段即與己庚等故以比例尺之長闊相加即爲丁乙對角斜線用斜求方之法自乘折半開方即得方邊也

(三八)設如三角形底二丈八尺小腰與中垂線之較二尺大

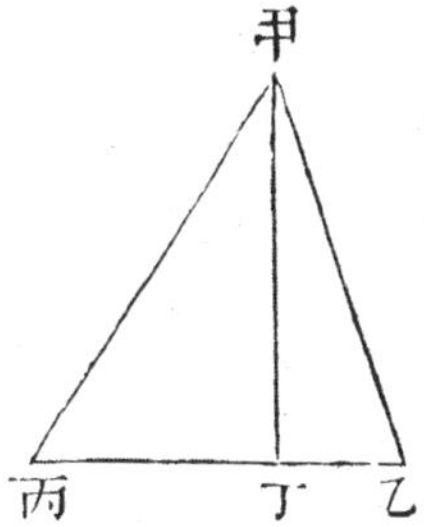

腰與中垂線之較六尺。問兩腰各幾何。

法借一衰爲中垂線。則小腰爲一衰多二尺。小腰與中垂線之和爲二衰多二尺。與小腰較二尺相乘得四衰多四尺。爲小分底自乘方積。大腰爲一衰多六尺。大腰與中垂線之和爲二衰多六尺。與大腰較六尺相乘。得十二衰多三十六尺。爲大分底自乘方積。以兩方積相較。則大分底方爲小分底方之三倍多二十四尺。大分底方十二衰爲小分底方四衰之三倍。即將小分底方四衰多四尺。以三因之得十二衰多十二尺。與大分底方十二衰多三十六尺相減。仍餘二十四尺。乃以底三十八尺自乘。得七百八十四尺。內減去所多之二十四尺餘七百六十尺爲小分底自乘四正方小分底乘大分底二長方積折半得三百八十尺爲小分底自乘二正方小分底乘大分底一長積共成一大長方底二十八尺爲長闊之較用帶縱較數開平方法算之得闊十尺爲小分底自乘得一百尺以小腰較二尺除之得五十尺爲小腰與中垂線之和丙加小腰較二尺得五十二尺折半得二十六尺卽小腰又以小腰較二尺與大腰較六尺相減餘四尺卽大腰與小腰之較與小腰二十六相加得三十尺卽大腰也如圖甲乙丙三角形甲乙爲小腰甲丙爲大腰乙丙爲底自甲角作甲丁垂線則分爲甲丁乙甲丁丙

兩句股形以甲乙甲丁股弦和與甲乙甲丁股弦較相乘則得乙丁句自乘之乙戊巳丁正方形見句股法以甲丁甲丙股弦和與甲丁甲丙股弦較相乘則得丁丙句自乘之丁庚辛丙正方形丁庚辛丙正方形旣爲乙戊巳丁正方形之三倍多二十四尺故於乙壬癸丙大正方形內減去二十四尺餘者卽與乙戊巳

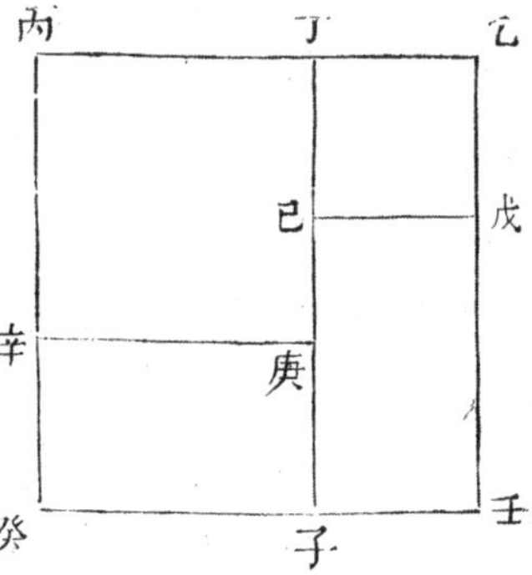

丁三正方等是共得乙戊巳丁四正方戊壬子巳庚子癸辛爲大分底乘小分底二長方共成丑寅卯丙一長方形折半得丑辰巳丙長方形乙丙卽長闊之

較故用帶縱較數開平方法算之得闊爲乙丁小句自乘以股弦較除之得股弦和故加股弦較折半卽得甲乙爲弦也

或求得甲丙邊亦同

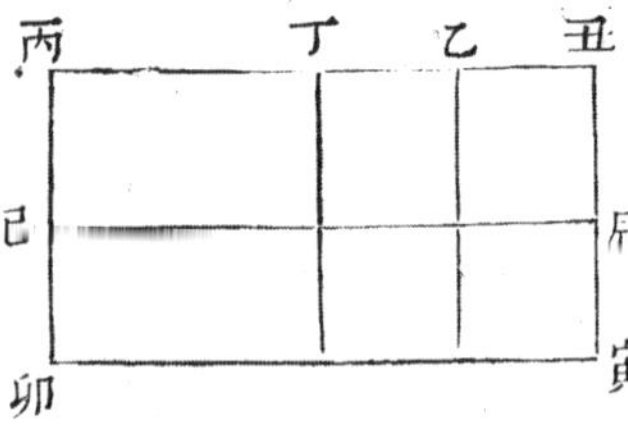

（二十九）設如甲乙丙三角形甲角五十三度八分乙丙邊一丈二尺二寸甲乙甲丙兩邊較三尺八寸求乙角丙角度各幾何

法依甲丙邊度截甲乙邊於丁餘乙丁卽兩邊較自丙至丁作丙丁線成乙丁丙鈍角形乃以乙丙邊一

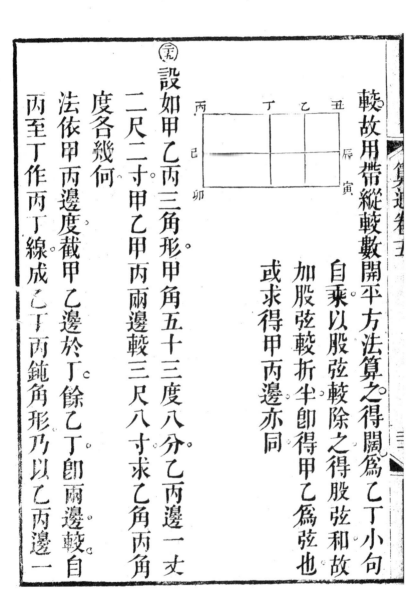

丈二尺二寸爲一率。乙丁邊三尺八寸爲二率。甲角五十三度八分與一百八十度相減餘一百二十六度五十二分折半得六十三度二十六分。即丁鈍角

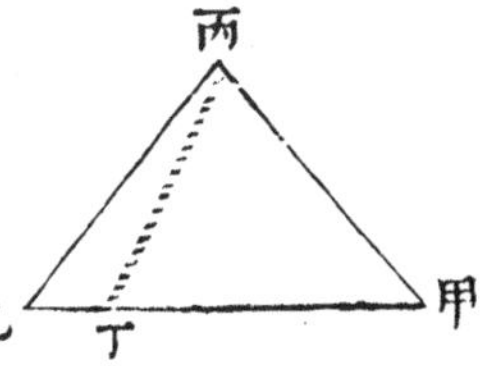

之外角。與丁丙甲角等。其正弦八萬九千四百四十一。爲三率。求得四率。二萬七千八百五十八爲丙分角正弦檢表得十六度十分爲丙分角與丁丙甲角六十三度二十六分相加得七十九度三十六分。即丙角度以丙分角與丁外角相減餘四十七度十六分。即乙角度也。

（三十）設如甲乙丙三角形甲角五十三度八分甲丙邊一丈

一尺二寸。甲乙乙丙兩邊較二尺八寸。求乙角丙角度各幾何。

法依乙丙邊度。截甲乙邊於丁。餘甲丁。卽兩邊較。自丙至丁作丙丁線。成甲丁丙鈍角形。乃以甲丁邊二尺八寸。與甲丙邊一丈一尺二寸相加。得一丈四尺爲一率。甲丁與甲丙相減餘八尺四寸。爲二率。甲角半外角六十三度二十六分之正切線一十九萬九千九百八十六爲三率。求得四率一十一萬九千九百九十一。爲半較角切線。檢表得五十度十二分。爲半較角度。與半外角相減。餘十三度十四分。爲丙分角。倍之。與甲角相加。得七

十九度三十六分。即丙角度。以甲角丙角相併。與半周相減。餘四十七度十六分。即乙角度也。蓋以丙分角與甲角相加。則得丙丁乙角。與丙大分角等。是丙大分角。與一丙小分角。一甲角之度等。故倍小分角與甲角相加。得丙全角也。

(三十一)設如甲乙丙三角形。甲角五十三度八分。乙丙邊一丈二尺二寸。甲乙甲丙兩邊和二丈六尺二寸。求丙角乙角度各幾何。

法以甲乙與甲丙相加。得丙丁。自乙至丁作乙丁線。成丁乙丙三角形。乃以乙丙邊一丈二尺二寸爲一率。丙丁邊二丈六尺二寸爲二率。甲角五十三度八分折半得二十六度三十四分。卽丁角。與甲乙丁角等。其正弦四萬四千七百二十四。爲三率。求得四率九萬六千零四十六。爲丙乙丁角正弦。檢表得七十三度五十分。爲丙乙丁角。內減半甲角二十六度三十四分。卽甲乙丁角。餘四十七度十六分。卽乙角度。以甲角乙角相併。與半周相減。餘七十九度三十六分。卽丙角度也。

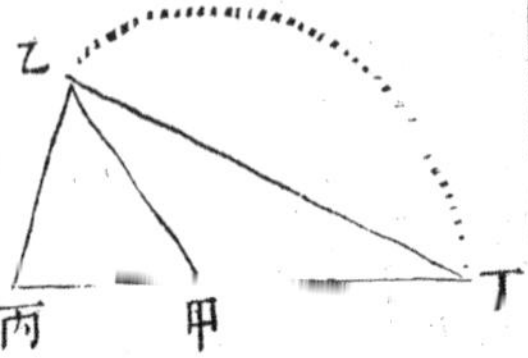

（三十二）設如甲乙丙三角形。甲角五十三度八分。甲乙邊一丈五尺。甲丙乙丙兩邊和二丈三尺四寸。求乙角丙角度幾何。

法以甲丙與乙丙相加得甲丁自乙至丁作乙丁線成甲乙丁三角形乃以甲丁邊二丈三尺四寸與甲乙邊一丈五尺相加得三丈八尺四寸爲一率甲丁邊與甲乙邊相減餘八尺四寸爲二率甲角五十三

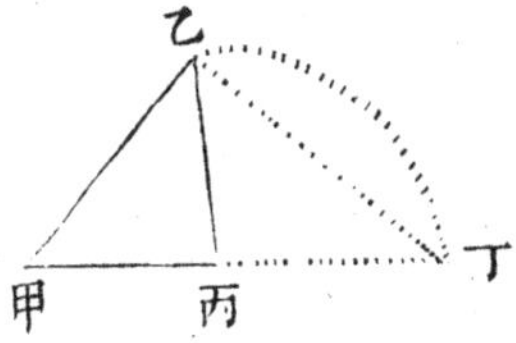

度八分與半周相減折半得半外角六十三度二十六分其正切線一十九萬九千九百八十六爲三率求得四率四萬三千七百四十七爲半較角切線檢

表得二十三度三十八分爲半較角與半外角相減餘三十九度四十八分爲丁角度倍之得七十九度三十六分卽丙角度以甲角丙角相併與半周相減

餘四十七度十六分即乙角度也。

(三三)設如有一旗杆。不知其高。日影測之。問高幾何。

法先立一表長五尺。看影長幾尺。如得四尺。同時看旗杆影爲幾尺。如得二丈四尺。乃以表影長四尺爲一率。表高五尺爲二率。旗杆影長二丈四尺爲三率求得四率三丈。即旗杆之高也。如圖甲乙爲旗杆。乙丙爲旗杆影。丁戊爲表高。戊己爲表影。甲乙丙與丁戊己爲同式句股形。故己戊與丁戊之比。同於乙丙與甲乙之比也。

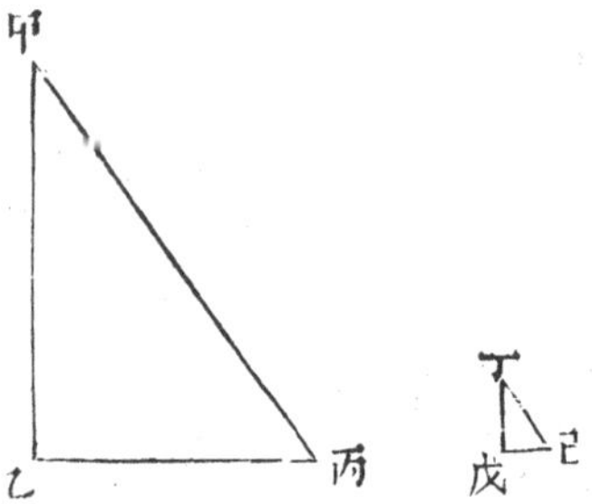

設如有塔一座不知其高亦不知其遠用日影測之問塔高幾何

法先立一表長六尺影長四尺同時看塔影端各記之閱時看表影差一尺塔影端比先所記之處離幾尺如得八尺乃以表影差一尺爲一率表高六尺爲二率塔影差八尺爲三率求得四率四丈八尺卽塔之高也如圖甲乙爲塔高乙丙爲先所記塔影乙丁爲後所記塔影戊己爲表高己庚爲先所記表影己辛爲後所記表影戊庚辛與甲丙丁戊己庚與甲乙丙皆爲同式形故庚

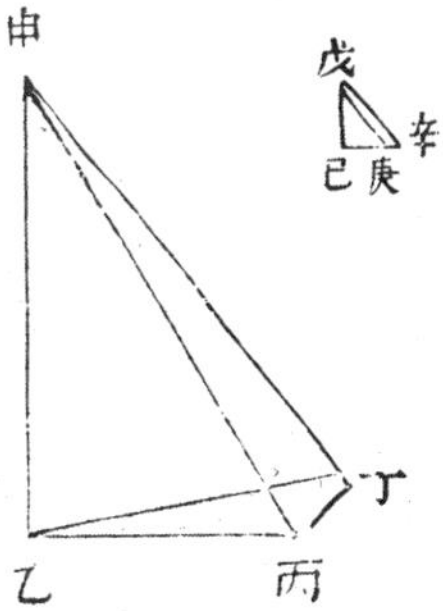

辛與戊巳之比同於丙丁與甲乙之比也。

㉟設如遠望一村。欲知其遠。用放鎗驗時儀墜子候之。問遠幾何。

法令一人在村邊放鎗。一見烟出。即用驗時儀墜子候之。一聞鎗響即止。計自見烟至聞響得幾秒。如得三秒。即以一秒爲一率。一百二十八丈五尺七寸爲二率。三秒爲三率。求得四率三百八十五丈七尺一寸。即距村之遠也。蓋響與烟一時並出。其見烟而未聞響者。聲未至也。故自見烟至聞響之分。即路遠之分。嘗以其分較之。路遠五里。得七秒。以七歸之。每秒得一百二十八丈五尺七寸。聞雷亦然。自一見電光至聞雷響。候其秒數。即得里數也。

(三六)設如梭形闊四尺中長九尺求積幾何。

法以中長九尺與闊四尺相乘。得三十六尺。折半得十八尺。即梭形積也。如圖甲乙丙丁梭形。以乙丁

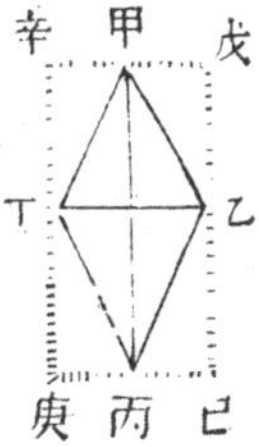

與甲丙相乘。則成戊己庚辛長方形。其積比梭形多一倍。故半之爲梭形積也。此法必甲乙與乙丙等。甲丁與丁丙等。或甲乙與甲丁等。乙丙與丁丙等。則其中長適爲兩三角形之垂線。故長闊相乘。折半而得積也。若中長不得爲垂線。則須先量得四邊數。及長數或闊數。用三角形求中垂線法算之

(三七)設如三廣形上闊三尺中闊五尺下闊四尺上截長六尺下截長四尺求積幾何

法以中闊五尺與上闊三尺相加折半得四尺與上截長六尺相乘得二十四尺又以中闊五尺與下闊四尺相加折半得四尺五寸與下截長四尺相乘得十八尺兩數相併得四十二尺卽三廣形積也如圖甲乙丙丁戊已三廣形以乙戊線分之則成甲乙戊已乙丙丁戊兩梯形故用梯形求積之法見直線形求得兩梯形之積而併之卽爲三廣形積也舊術以上下闊相加折半加中闊與長相乘得積此必上下兩截長數

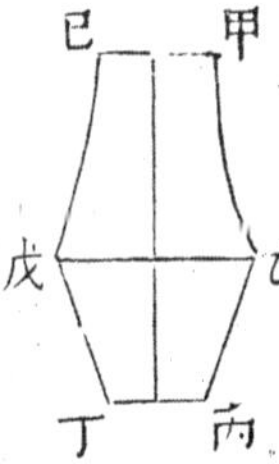

相等者。然後可算。若上下不相等。須用梯形算之

(三八)設如眉形兩尖相距弦長二十四尺外弧距弦九尺內弧距弦四尺求積幾何

法以兩尖相距二十四尺爲弦外弧距弦九尺爲矢用弧矢求積法九尺爲首率弦二十四尺折半得十

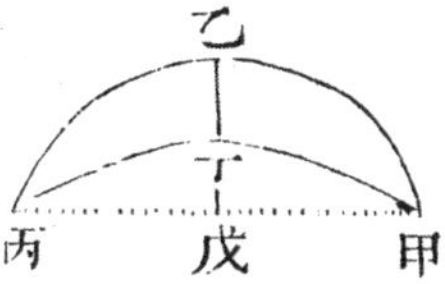

二尺爲中率求得末率十六尺加矢九尺得二十五尺爲圜徑折半得半徑十二尺五寸爲一率半弦十二尺爲二率半徑十萬爲三率求得四率九萬六千。爲半外弧之正弦撿八線表得七十三度四十五分爲半外弧之度分倍之得一百四十七度三十分爲

外弧之度分乃以三百六十度爲一率外弧一百四十七度半爲二率全徑二十五尺求得全周七十八尺五寸三分九釐八毫爲三率求得四率三十二尺一寸七分九釐五毫爲外弧之數與半徑十二尺五寸相乘折半得二百零一尺十二寸十八分爲自圜心所分弧背三角形積又以矢九尺與半徑十二尺五寸相減餘三尺五寸與弦二十四尺相乘折半得四十二尺爲自圜心至弦所分直線三角形積與弧背三角形積相減餘一百五十九尺一十二寸一十八分爲外弧矢全積見曲線形又以兩尖相距二十四尺爲弦內弧距弦四尺爲矢亦用弦矢求積法求得內

弧矢虛積六十五尺三十七寸六十分與外弧矢積相減餘九十三尺七十四寸五十八分卽眉形積也如圖甲乙丙丁眉形甲丙爲弦乙戊爲外弧矢丁戊爲內弧矢戊甲乙丙戊甲丁丙戊兩弧矢形故先求得甲乙丙戊弧矢形積又求得甲丁丙戊弧矢形積相減卽得甲乙丙丁眉形積也

（二九）設如橄欖形長二尺四寸闊八寸求積幾何

法以長二尺四寸爲弦闊八寸折半得四寸爲矢用弧矢求積法求得弧矢積六十五尺三十七寸六十分倍之得一百三十尺七十五寸二十分卽橄欖形積也如圖

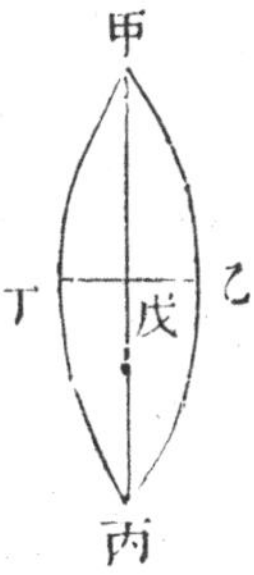

甲乙丙丁橄欖形自甲至丙作甲丙綫平分乙丁於戊則成甲乙丙戊甲丁丙戊兩弧矢形故求得弧矢形積倍之即橄欖形積也

（四十）設如錢形徑一尺二寸求積幾何徑員徑自甲至丙也

法以錢形徑一尺二寸求得圜面積一尺一十三寸零九分七十三釐又求得內容方積七十二寸相減餘四十一寸零九分七十三釐倍之得八十二寸一十九分四十六釐即錢形積也如圖

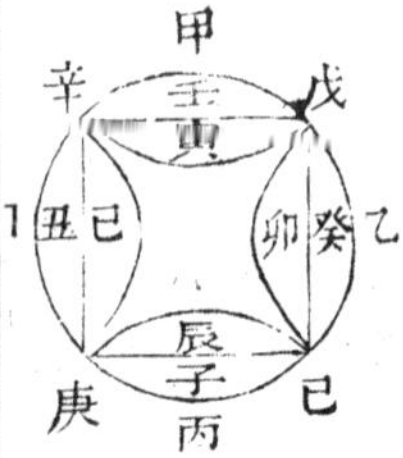

甲乙丙丁錢形作戊巳巳庚庚辛辛戊四線則分爲壬癸子丑寅卯辰巳八弧矢形故先求得圜形積

又求得戊己庚辛內方積相減餘壬癸子丑四弧矢形倍之即得錢形積也

(四十二)設如銀錠形徑一尺二寸求積幾何徑甲丁也

法以銀錠形徑一尺二寸自乘得一尺四十四寸折半得七十二寸即銀錠形積也如圖甲乙丙丁戊己銀錠形以甲丁徑自乘折半則得乙丙戊己正方其所虛庚辛二弧矢形與所盈壬癸二弧矢形之積等故乙丙戊正方積即與銀錠形之積等也

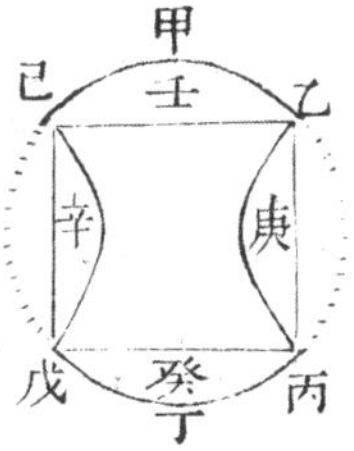

(四十三)設如甲乙丙丁四平圓共積二百一十七尺五十五寸五十三分一十釐甲圜徑比乙圜徑多三尺乙圜徑

比丙圜徑多三尺。丙圜徑比丁圜徑多二尺。問四圜徑各幾何

法用圜積方積定率比例。以圜積一〇〇〇〇〇〇〇〇爲一率。方積一二七三二三九五四爲二率。四平圜共積二百一十七尺五十五寸五十三分一十釐爲三率。求得四率二百七十七尺。爲四平方共積。乃以丙圜徑比丁圜徑所多之二尺自乘得四尺。又以乙圜徑比丁圜徑所多之五尺丙比丁多二尺乙比丙多三尺故乙比丁多五尺。自乘得二十五尺。又以甲圜徑比丁圜徑所多之八尺。

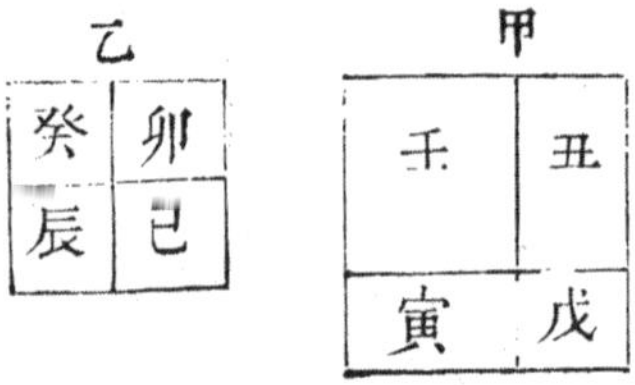

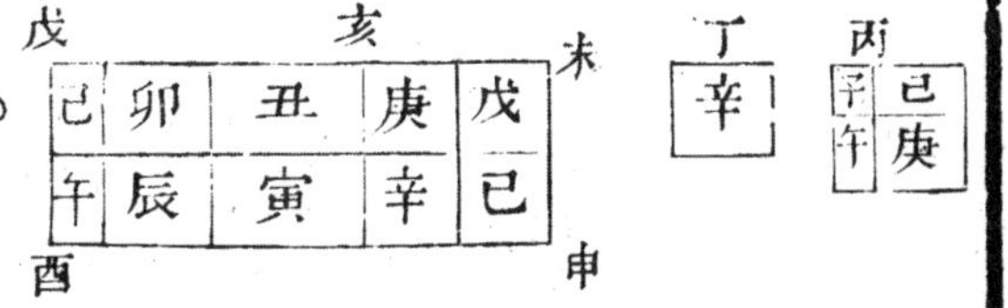

乙比丁多五尺。甲又比乙多三尺。故甲比丁多八尺。自乘得六十四尺。三數相併得九十三尺。與四平方共積二百七十七尺相減。餘一百八十四尺爲長方積。以丙圜徑比丁圜徑多二尺。乙圜徑比丁圜徑多五尺。甲圜徑比丁圜徑多八尺。相加得十五尺爲長闊之較。用帶縱較數開平方法算之。得闊八尺。二歸之得四尺。卽丁圜徑。加二尺得六尺。卽丙圜徑。再加三尺得九尺。卽乙圜徑。再加三尺。得十二尺。卽甲圜徑也。

如圖。甲乙丙丁四平圜形。變爲甲乙丙丁四平方形則四圜徑之較卽四方邊之較故於四方形內減去壬癸子三較方餘戊己庚辛四小正方丑寅卯辰巳午六長方共成未申酉戌一長方戌亥爲長闊之較卽三邊較之共數故用帶縱較數開平方法算之得闊折半而得丁方邊卽丁圜徑遞加之卽得甲乙丙各圜徑也

（四三）今有方田內開一員池其田四邊至池界皆十五丈以古率方內容員員得方積四分之三算之則田積爲二千九百二十五丈若以今定率員得方積一百丈之七十八丈五三九八一六算之則田積爲二千八百九十三丈一四四一六五六問田邊池徑各若干

曰田邊六十丈。　員徑三十丈。

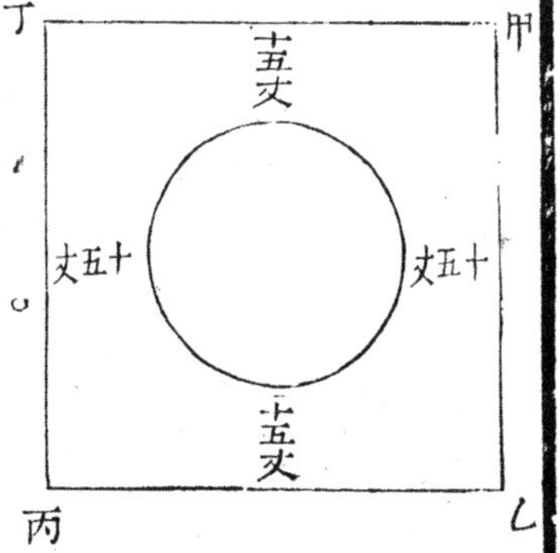

依古法算以方邊員界相距十五丈。自乘得二百二十五丈。三因之得六百七十五丈爲池積。十五丈恰即員半徑三因員半徑自乘方。即員積也。加入田積二千九百二十五丈得甲乙丙丁方積三千六百丈將上圖中剖而連長之變爲長方如下圖。

丁丙長一百二十丈。乙丙闊三十丈。　置丁辛邊距

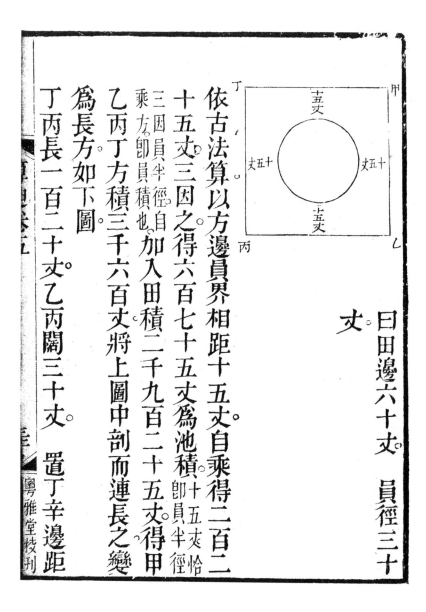

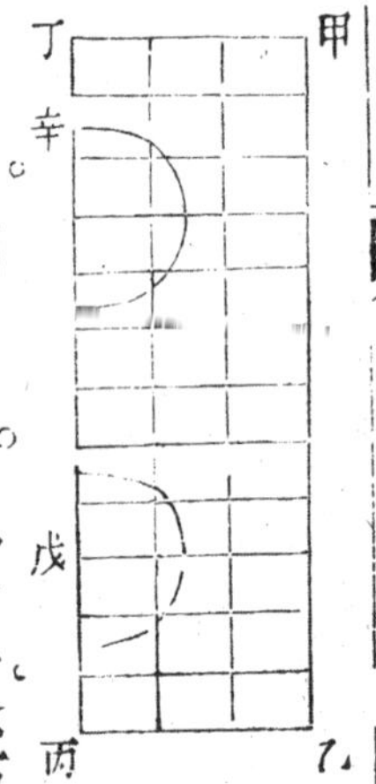

十五丈六因之得丁戊九十
丈爲縱方戊丙爲正方邊以
帶縱較數開平方法開之得
丙乙卽戊丙三十丈倍之得六十丈卽田邊也減兩
距三十丈餘三十丈爲池徑
問此條半員徑與邊距相等者也皆十五對若半員徑爲
戊子二十丈則邊距爲子庚止十丈自乘得一百丈
三因之僅得三百丈不足塡補池積奈何曰雖不足
然六因邊距丙酉六十丈加戊丙開方邊三十丈共
亥丙長九十丈視原長丁丙一百二十丈爲縮短丁
亥三十丈是將縮短丁亥之冪積九百丈移塡不足

之數也員半徑二十丈自乘得四百丈三因之得池積一千二百丈前已塡三百丈此又移塡九百丈合之爲一千

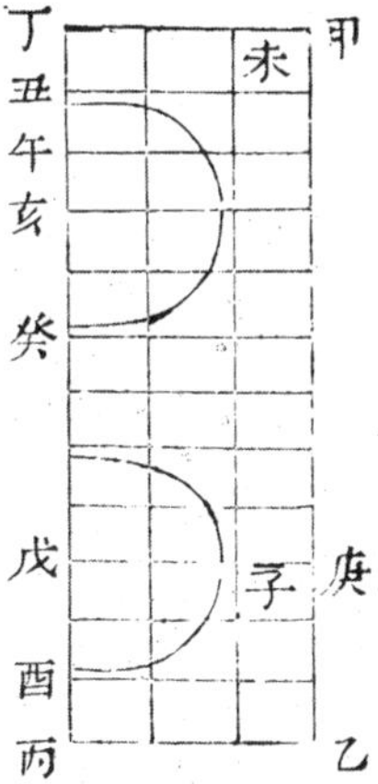

二百丈則恰塡足矣亥未員半徑自乘方也爲員積三分之一其積四百丈甲亥縮短三十丈丁亥乘甲丁方也甲丑乃三分之一積三百丈移甲丑三百丈抵未亥四百丈計不足一百丈夫一分抵一分而少一百丈則三分抵三分必少三百丈也故預塡三百丈而足也

又如員半徑爲戊壬十丈則邊距爲庚壬二十丈庚壬自乘得四百丈三因之得一千二百丈以塡池積三百丈雖浮九百丈然六因邊距癸丙二十丈則得已戊一百二十丈加戊丙開方邊三十丈共已丙一

百五十丈視原長丁丙一百二十丈爲多巳丁三十丈是將塡池浮積九百丈移爲所多巳丁三十丈之冪已甲九百丈而無浮也。壬癸半員徑自乘一百丈也。爲池積三分之一。丑卯四百丈。爲三因邊距一千二百丈。丑寅。三分之一丑寅丙取辰寅三百丈。已足塡池積而浮丑午三百丈。移爲辛丁三百丈恰合。

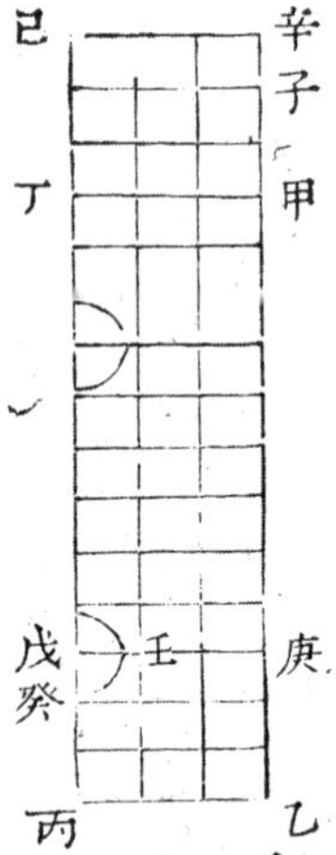

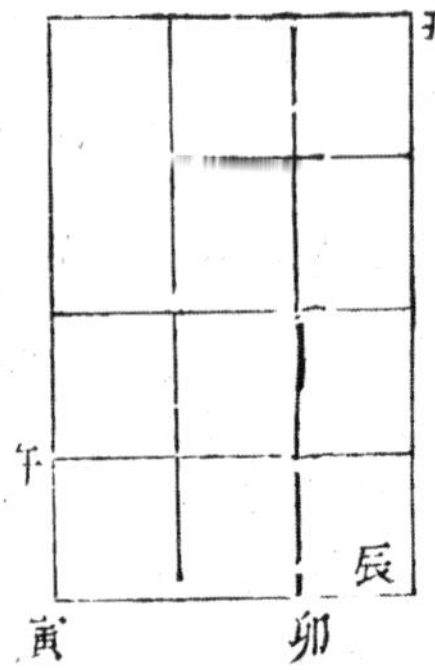

問若照今率田積二千八百九十三丈一四一六五

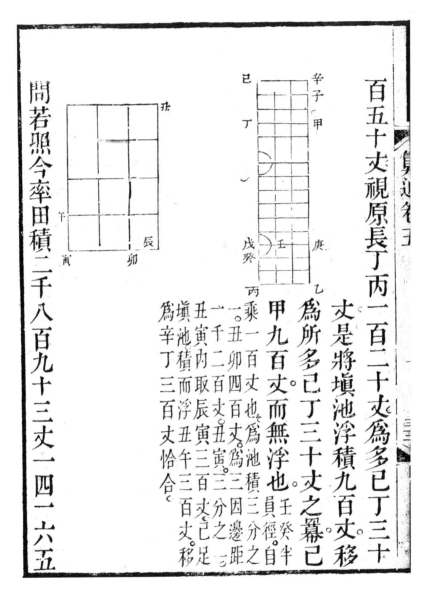

六算。則弟一長圖可以邊距十五丈自乘。三因之。六百七十五丈用增丈率一零四七一九七五四每積方一百丈則增四丈七尺一九七五四也。蓋古率方積一百丈者內容員積七十五丈。今定率則容員七十八丈五三九八一六。以七十五丈除七十八丈五三九八一六。見每丈得一丈零四七一九七五四。故名增丈率也。乘之得七百零六丈八五八三三九五與六百七十五丈相減餘三十一丈八五八三三九五與二千八百九十三丈一四一六五六相加得二千九百二十五丈以合古率乃照古法算之可矣不識弟二三長圖亦可照此法用否曰不可弟二長圖依古率則田積為二千四百丈依今定率則田積乃二千三百四十三丈三六二九四四以邊距十丈自乘三因之三百丈用增丈率一零四七一九七五四乘之得三百一十四丈一五九二六六二與三百丈相減餘一十四丈一五九二六六二與田積相加僅得二千三百五十七丈五有奇而與古率之二千四百丈不合又弟三長圖依古率則田積爲三千三百丈依今定率則田積爲三千二百八十五丈八四零七三六以邊距二十丈自乘三因之一千二百丈用增丈率乘之得一千二百五十六丈六三七零四八與一千二百丈相減餘五十六丈六有奇與田積相加得三千三百四十二丈有奇亦與古率三千三百不合故不可用當照今法算之

圖

如有方田內開一員池其田四邊至池界皆五丈止知田積三百二十一丈四十六尺零一寸八十四分問田邊池徑　曰田邊二十丈　池徑十丈

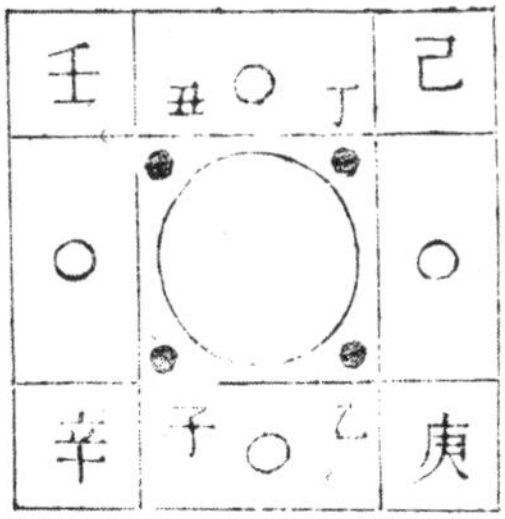

法以邊距五丈自乘得二十五丈爲巳方四因之得一百丈爲巳庚辛壬方於田積內減去餘二百二十一丈四十六尺零一寸八十四分乃圈記四長方及丁乙子丑方內池外點記之四隅其積也於是將圈記之四長方與丁乙子丑方相連如下圖成丁酉長方而空池積設知丁子方實積則虛員不虛與圈記四長方積相

加。則得丁酉長方積內分丁子爲正方。乙酉圖記四長方連成者爲縱方可用帶縱較數開平方法開之得丑子每邊十丈爲池徑加

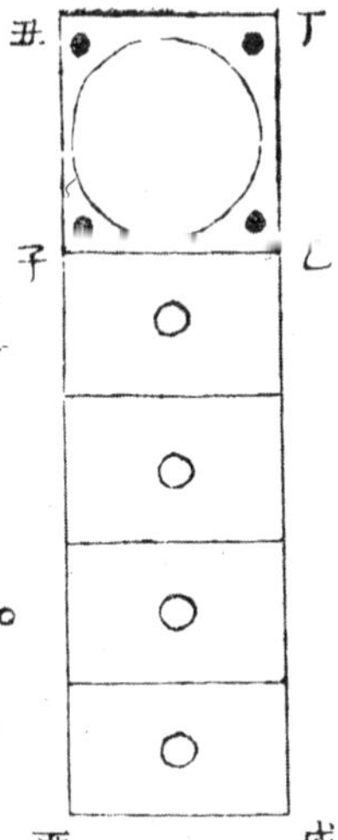

兩距十丈共二十丈爲田邊矣。顧欲知丁子實積當先知點記之四隅積爲若干。法以定率方積一百丈內容員積七十八丈五尺三寸九八一六二數相減得四隅積二十一丈四六零一八四爲一率方積一百丈爲二率今點記四隅積若干爲三率求得四率若干即得丁子正方積而虛員之分補足矣然點記之四隅積混在減餘田積之內不能預知法竟用

減餘田積二百二十一丈四十六尺零一八四爲三率。本應用點記之四隅積。今併圈記四長方積用之求得四率一千零三十

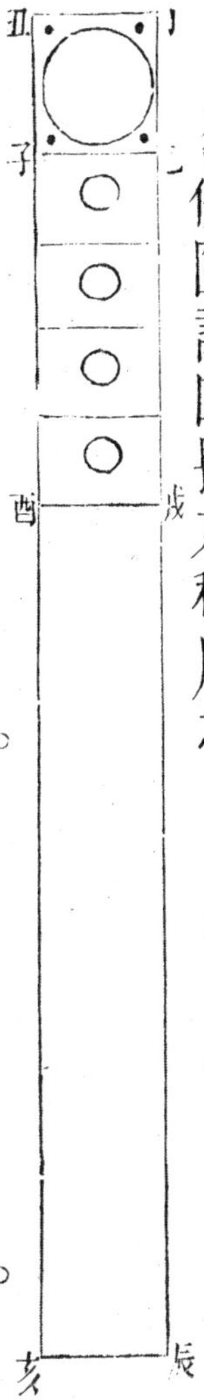

一丈九十五尺八四四五八爲右圖丁亥長方積內分。二十一丈四六零一八四。點記四隅積。比一百丈。丁子方積，蓋逢一个四隅積即得一个方積也。二百丈。圈記四長方積。比九百三十一丈九五八四四五八。則又當以丁子爲正方乙亥爲縱方矣雖縱方乙辰之長不可知而積與積之比例無異邊與邊之比例。於是又以二十一丈四六零一八四爲一率一百丈爲二率。此積比積。四長方連長二十丈子酉

爲三率求得四率九十三丈一尺九寸五分此邊比邊爲長闊之較用帶縱開平方法開之得闊十丈爲池徑也

四五 如有田內有員池其田四角至池邊皆二十一丈二尺一寸二分其田積一千四百四十二丈九十二尺零三寸六十八分問方邊員徑　曰方邊四十丈　員徑十四丈一尺四寸二分

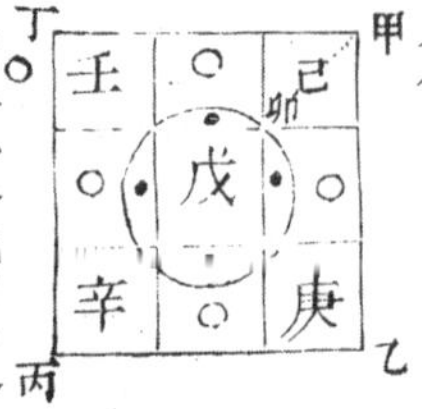

法以方角離員界甲卯自乘得四百五十丈倍得九百丈爲己庚辛壬四方積方形對角線自乘積爲方邊自乘積之倍如己庚故倍之爲己庚辛壬與田積相減餘五百四十二丈九十二

尺零三寸六十八分乃圈記四長方積而缺點記之如
四弧矢積也於是將缺弧矢之圈記四長方連接如
下圖

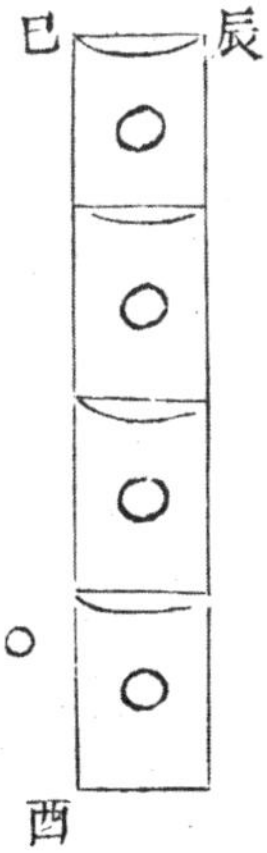

設能知四弧矢積與五百
四十二丈九十二尺零三
寸六十八分相加則成辰酉長方爲帶縱而以員池
所容之戊方爲正方相連接可用帶縱和數開方法
開之得戊方邊矣因不知四弧矢積又不知戊方積
今欲求之法當以定率弧矢積二一八五三九八一六
爲一率員內容方積五〇〇〇〇〇〇爲二率
今減餘積五百四十二丈九十二尺零三寸六十八

分爲三率當所虛四弧矢積爲三率。因不能知。故用此。卽上條之理也。求得四率九百五十一丈一十六尺三十寸四十八分爲長方積如下圖此積與積之比例也。

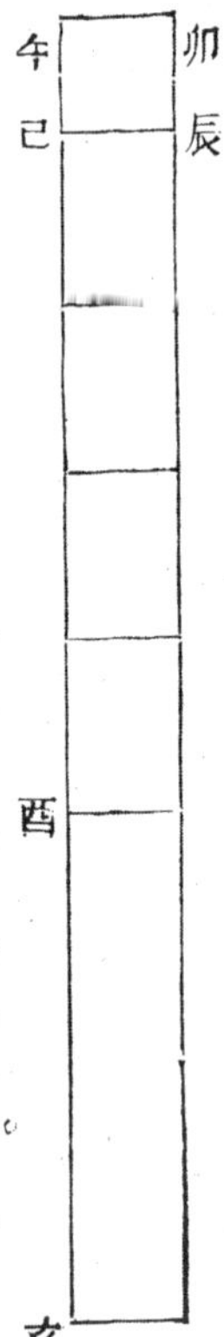

又以一八五三九八一六爲一率五〇〇〇〇〇〇〇爲二率圈記四長方共長巳酉以方角離池邊之甲卯用斜求方法得未卯十五尺。四因之得六十丈。卽巳酉也。爲三率求得四率一百零五丈一尺二寸六分。卽午亥此邊與邊之比例也。於是以午亥爲長闊和而用帶縱和數法開之得辰巳十丈爲戊方之闊以巳方未卯邊十五丈倍之得三十

丈加辰己十丈得方田之邊以戊方邊十丈求得對
角線十四丈一尺四寸二分即池徑

(五十)如有員田內容方池其員界離方四角各五丈但知田
積二百六十四丈一十五尺九十二寸六十四分問
員徑方邊　曰員徑二十丈　方邊七丈七寸一分
法必須將員田變成方田乃可倣上法算之而此員

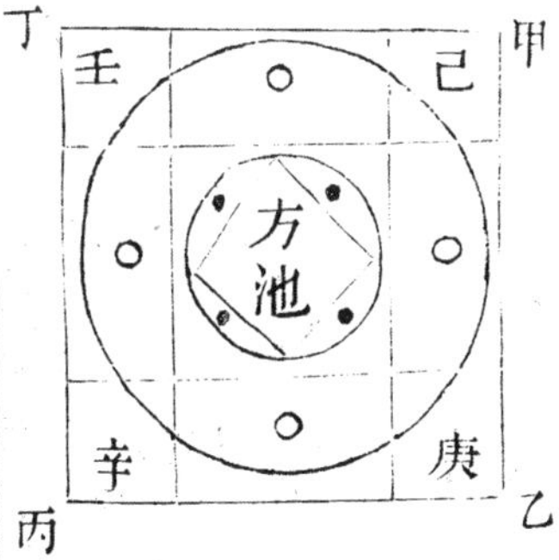

田中虛方池之積乃員環而帶
點記四弧矢者查員環變方環
法用方員比例定率以員積七
八五三九八一六為一率方積
一〇〇〇〇〇〇〇〇為二率

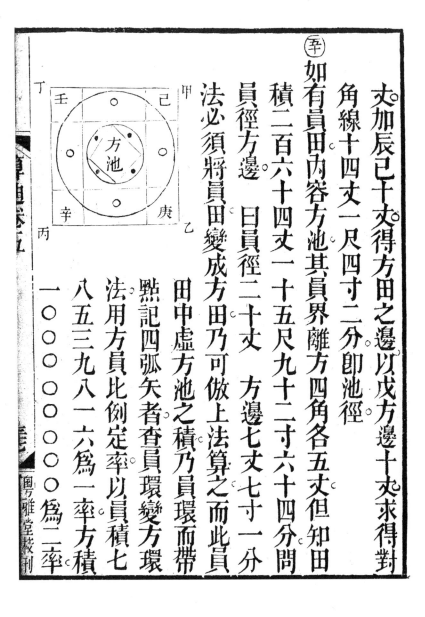

員環積爲三率求得四率爲方環積員之比方若員環之比方環也今田積二百六十四丈一五九二六既爲員環兼帶四弧矢以之爲三率求得四率三百三十六丈三三八〇二三則不特員環變爲方環甲乙丙丁子丑寅卯方環形且兼有四弧矢所變之積積數詳下在內矣於是以角距五丈自乘得二十五丈爲己方積四因之得一百丈爲己庚辛壬四方積於三百三十六丈三三八零二三內減去餘二百三十六丈三三八零二三爲圈記四長方及四弧矢所變其積連接如下圖

乙酉四長方積也丁子四弧矢所變積也四弧矢所變積詳下文爲三十六丈三三八零二三非丁乙方

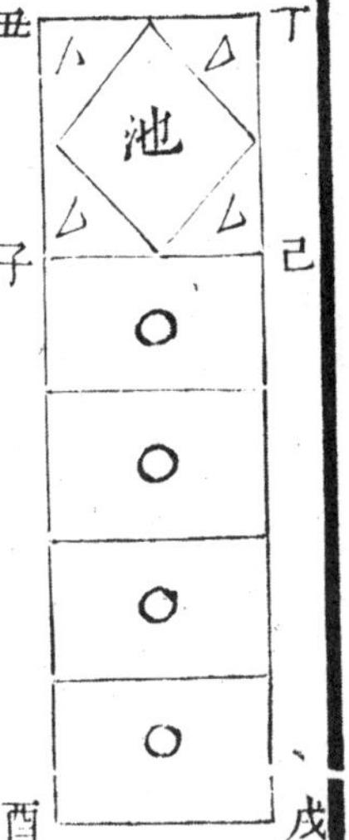

一百丈。與池積五十丈。相減所餘△記四句股積五十丈。勿因圖錯會。今欲將四弧變積三六三三八零二三變爲一百丈以補成丁子方爲正方而以乙酉爲縱方其成丁酉長方應以定率員積七八五三九八一六爲一率方積一○○○○○○○○爲二率弧矢積二八五三七八一六爲三率求出弧矢變積三六三三八零二三又以之爲一率方積一百○○○○○○○爲二率減餘田積二百三十六丈三三八零二三爲三率求得四率六百五十丈零三八七四爲此圖長方積此

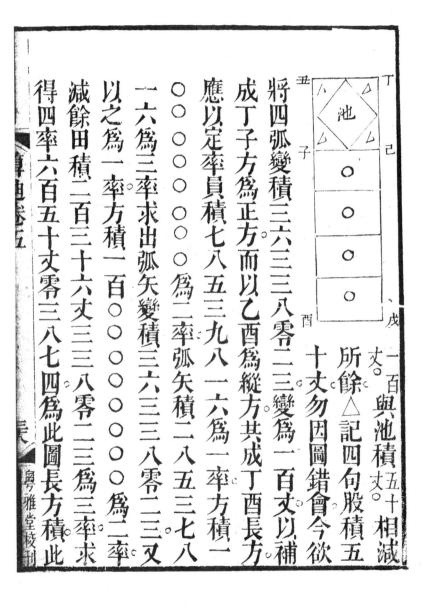

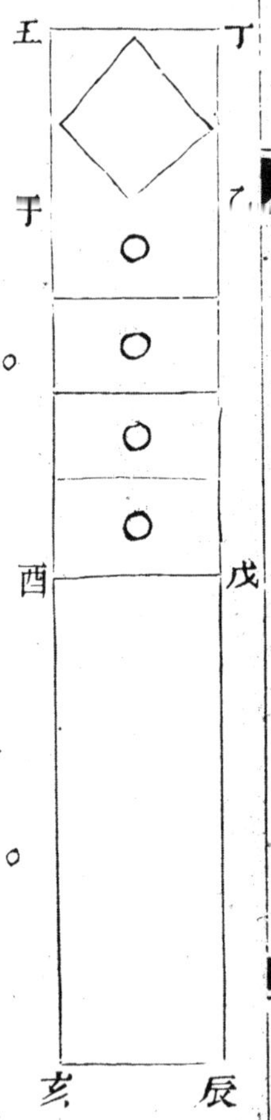

以積

比積

則又

以丁子為正方而以乙亥為縱方矣而縱方之長未知於是又以四弧變積三六三三八零二三為一率方積一○○○○○○○為二率四長方相連共長子酉二十丈為三率求得子亥長五十五丈零三八七四此邊比邊為長闊之較用帶縱較數開平方法開之得丁子方闊十丈即方池對角斜線用斜求方法算之得七丈零七寸一分即方池邊也

（三五）如員田內開方池但知田界離池邊十五丈田積一千

一百五十六丈六八三七零四問田徑池邊　曰田徑四十丈　池邊十丈

法須將員田變爲方田乃可倣上法算之而此田中虛池積乃員環而少點記四隅者查員環變方環法以員積七八五三九八一六爲一率方積一〇〇〇〇〇〇〇〇爲二率員環積爲三率求得四率爲方環積今以田積一千一百五十六丈六八三七零四爲三率則少點記四隅之積其求得四率方環積一千四百七二六七六八零四六内亦必少四隅所變之積矣數詳下於是以邊距十五丈自乘而四因之得九百丈於一千四百七二六七六八零四六内減去餘五百

七十二丈六六七六零四六爲子丑寅卯四長方積而少點記四隅所變之積以之連接如下圖

子長方內少點記四隅所變之積乃二七三二一三九五五何以知之以方員定率比例知之法用定率員

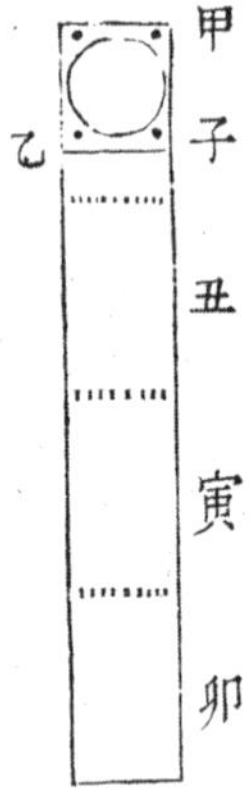

積七八五三九八一六爲一率方積一〇〇〇〇〇〇〇〇爲二率四隅二一四六零一八四爲三率求得二七三二一三九五五爲四隅所變之積也今欲將四隅所變積二十七丈三二一三九五五變爲一百丈

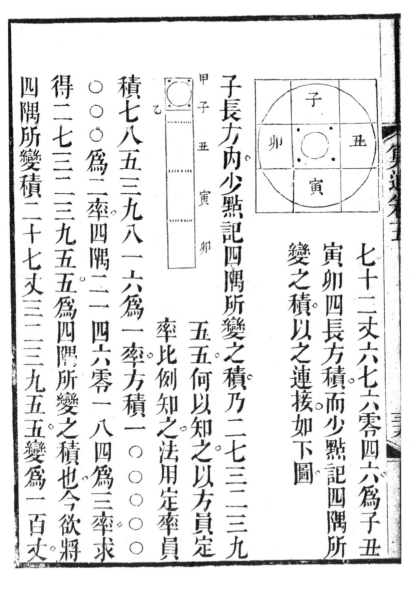

成甲乙方池爲正方而以子丑寅卯四長方爲縱方法當以四隅變積二七三二三九五五爲一率方積一○○○○○○○○爲二率減餘田積五百七十二丈六七六零四六爲三率求得四率二千零九十五丈八八六三六一爲下圖甲亥長方積此積比積則又以甲乙爲正方以乙辰爲縱方矣而縱方之長未知

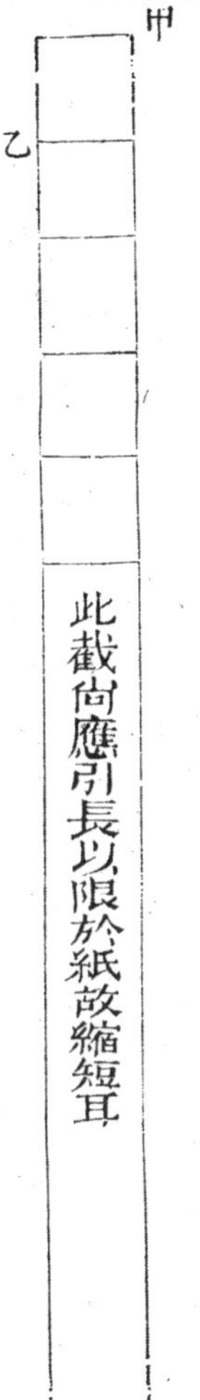

於是則又以四隅變積二七三二三九五五爲一率方積一百爲二率子丑寅卯四長方相連共長六十丈爲三率求得四率二百一十九丈五尺八寸八分

爲長闊和用帶縱和數開平方法開之得闊十丈卽方池邊也

（五三）設如有一大球體內容四小球體如三尖果堆。大球徑一尺二寸求小球徑幾何

法以大球徑一尺二寸自乘得一百四十四寸倍之得二百八十八寸爲長方積以大球徑一尺二寸四因之得四尺八寸爲長闊之較用帶縱較數開平方法算之得闊五寸三分九釐三毫卽內容四小球之徑也如圖甲乙大球體內容丙丁戊己四小球

體試自四小球之中心俱各作線聯之則成一四等面體又以甲乙大球心爲心丙丁戊己小球心爲界作一虛員則成四等面體外切圓球體其

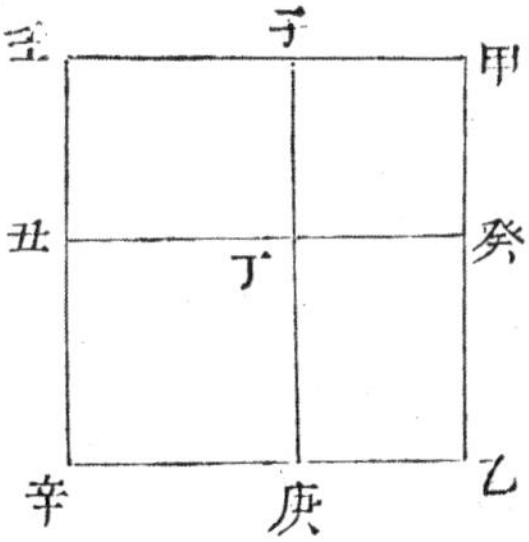

四面體之一邊即小球徑以四面體外切丁庚虛球徑加一小球徑即大球徑故以大球徑自乘得甲乙辛壬正方形內甲癸丁子即甲丁加庚乙爲小球徑自乘方即四面體每邊自乘方丁庚辛丑爲四面體外切圓球徑自乘方癸乙庚丁子丁丑壬爲四面體之每邊與外切圓球徑自乘二長方凡四面體每邊自乘方爲外切圓球徑自乘方三分之二見球內容四面體法故甲癸丁子正方

形爲丁庚辛丑正方形三分之二將甲乙辛壬正方形倍之則得甲癸丁子二正方丁庚辛丑二正方癸乙庚丁四長方而丁庚辛丑二正方爲甲癸丁子正方形之三倍是其得甲癸丁子五正方癸乙庚子四長方卽與寅卯辰巳長方積等其巳午長闊之較爲甲乙球徑之四倍故四因大球徑爲較縱求得闊卽小球徑也

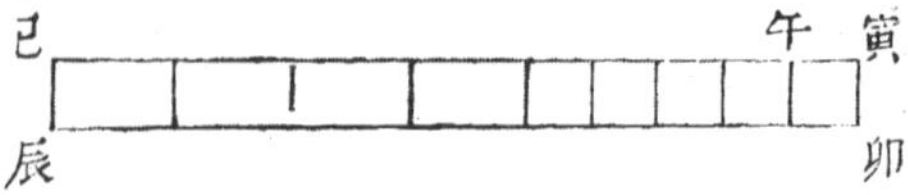

如先有小球徑求大球徑則以小球徑爲四面體之一邊自乘二歸三因開平方得四面體外切圓球徑再加一小球徑卽大球徑也

(五十二)設如有一大球體內容六小球體(四方上下各一)大球徑一尺二寸求小球徑幾何

法以大球徑一尺二寸自乘得一百四十四寸爲長方積以大球徑一尺二寸倍之得二尺四寸爲長闊之較用帶縱較數開平方法算之得闊四寸九分七釐卽內容六小球之徑數也如圖甲乙大球體內容丙丁戊已庚辛六小球體試自六小球之中心俱各作線聯之則成一八等面體其八面體之一邊卽小球徑以八面體之對角線加一小球徑卽大球徑故以大球徑自乘得甲乙壬癸正

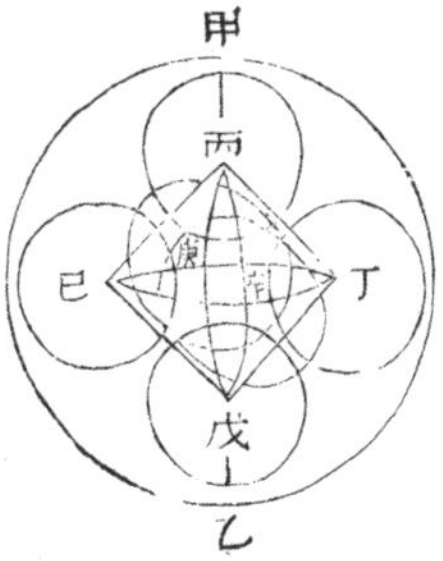

方形內甲子丙丑爲小球徑自乘方。卽八面體每邊自乘方。丙戊壬寅爲八面體對角線自乘方子乙戊丙丑丙寅癸爲八面體之每邊與對角線

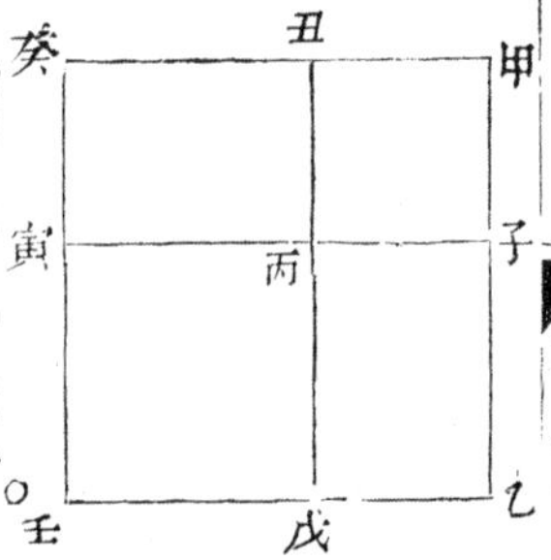

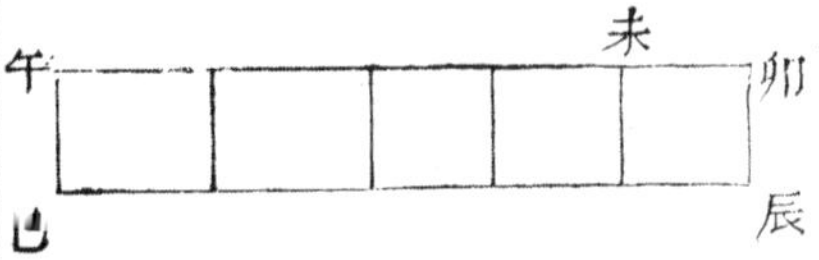

相乘二長方凡八面體每邊自乘方爲對角線自乘方之一半見球內容八面體法故丙戊壬寅一正方與甲子丙丑二正方等是甲乙壬癸一正方共爲甲子丙丑三正方子乙戊丙二長方與卯辰巳午長方積等其午未長闊之較爲甲乙球徑之二倍故倍大球徑爲較縱求得闊卽小球徑也如

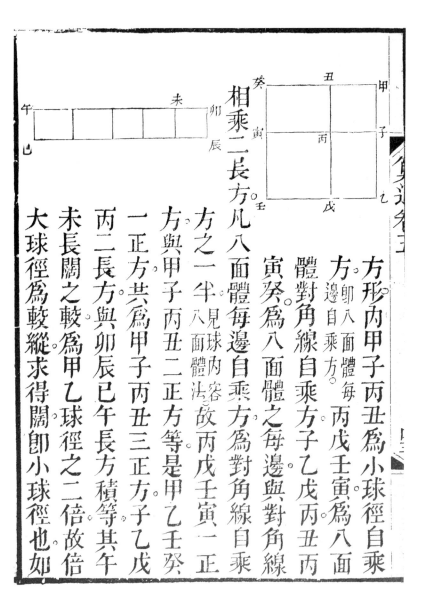

先有小球徑求大球徑則以小球徑爲八面體之一邊自乘加倍開方得對角線再加一小球徑卽大球徑也

(五四)設如一大球體內容八小球體上四下四相疊如正方體大球徑一尺二寸求小球徑幾何

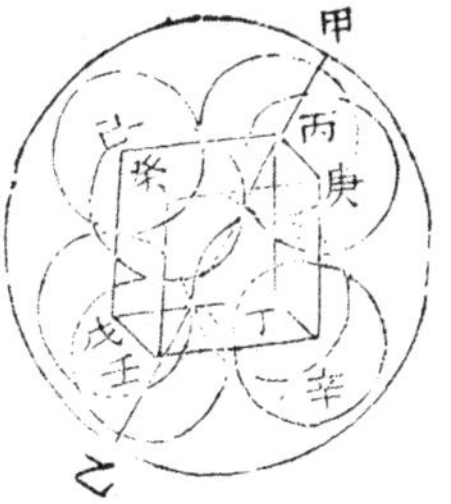

法以大球徑一尺二寸自乘得一百四十四寸折半得七十二寸爲長方積以大球徑一尺二寸爲長闊之較用帶縱較數開平方法算之得闊四寸三分九釐二毫卽內容八小球之徑數也如圖甲乙大球體內容丙丁戊已庚辛壬癸八小球體試自

八小球之中心俱各作線聯之則成一正方體其正方體之一邊即小球徑以正方體之丙壬對角斜線加一小球徑即大球徑故以大球徑自乘得甲乙子

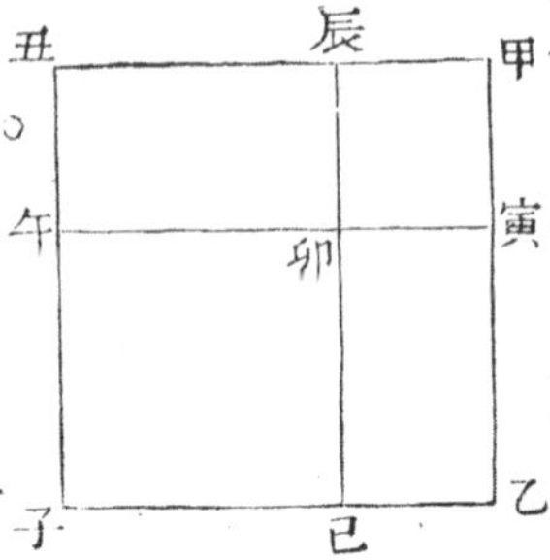

丑正方形內甲寅卯辰爲小球徑自乘方卯巳子午爲正方體對角斜線自乘方寅乙巳卯辰卯午丑爲小球徑乘正方體對角斜線二長方凡正方對角斜線自乘方爲每邊自乘方之三倍見球內容正方體法故卯巳子午正方形爲甲寅卯辰正方形之三倍加甲卯方爲四折半即得未甲辰申甲寅卯辰二正方乙卯卯丑二長方折半得寅乙巳卯一長方共

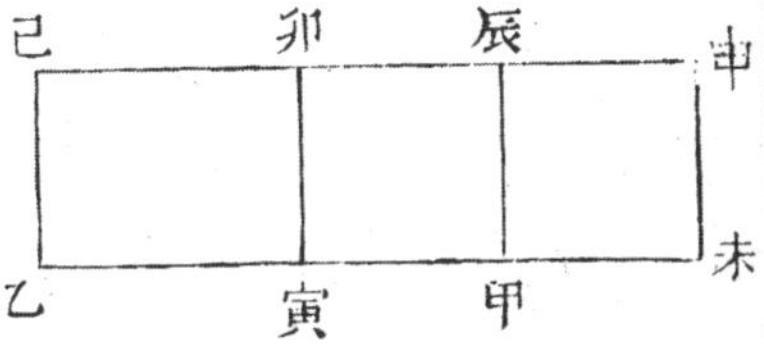

成未乙己申一長方甲乙球徑卽長闊之較故用帶縱較數開平方法算之得闊卽小球徑也如先有小球徑求大球徑則以小球徑爲正方體之一邊自乘三因之開平方得正方體對角斜線再加一小球徑卽大球徑也

附古法解

負隅

古法以一二五爲負隅一謂員徑也如平方根一尺內容徑一尺之員員與方較積則方根一尺自乘得

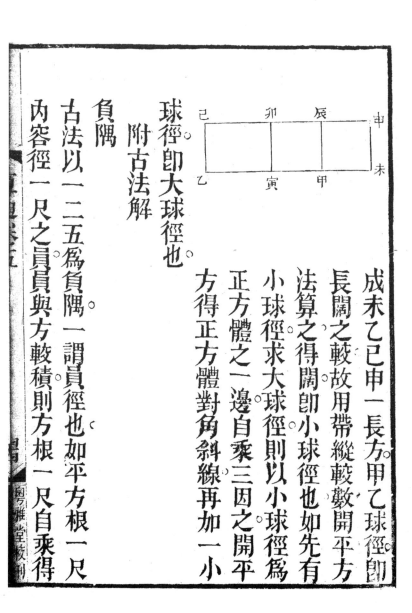

方積一尺員徑一尺依徑一周三古率則周爲三尺周徑各折半相乘得員積七寸五分是員積比方積少二寸五分故曰負負者少也方程篇名少爲負可證而其所少之二寸五分乃四隅積故曰負隅也

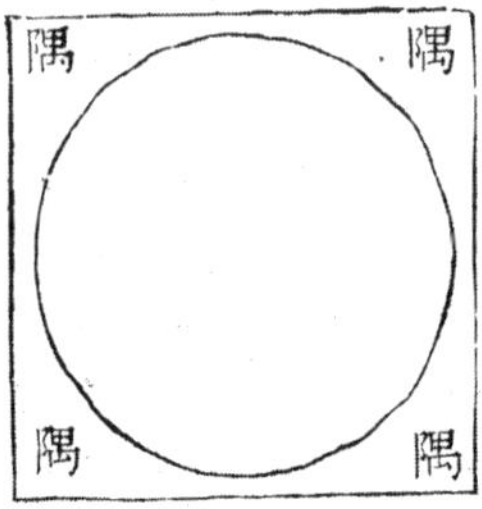

㊀則欲補足所少四隅之二寸五分而變員積爲方積當將員徑戊巳一尺加巳庚二寸五分共戊庚一尺二寸五分以員徑壬巳乘之得一尺二寸五分其壬巳乘戊巳所得之一尺爲虛積壬巳乘巳庚所得之二

寸五分為實積將虛積一尺以七五約之得實積七寸五分合之共得實積一尺而圓積變為方積矣

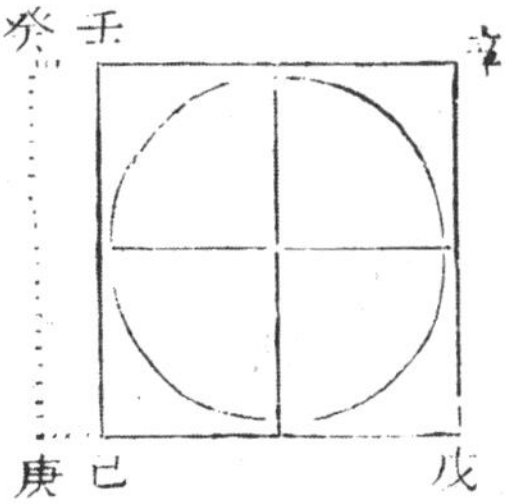

(二)

然則今有三平圓皆徑一尺欲變為長三尺闊一尺之長方積當照上例以戊己圓徑一尺即長方之闊如己庚二寸五分為戊庚一尺二寸五分與三圓徑共丙己三尺即長方之長相乘得積三尺七寸五分其丙己乘戊己所得之三尺為虛積丙己乘己庚所得之七寸五分為實積將虛積三尺以七五約之得實積二尺二

寸五分。合之共得實積三尺。而變三員爲長方矣。

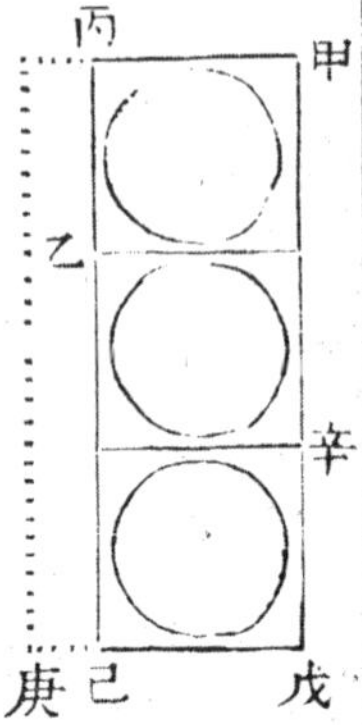

㈢又有兩平員。皆徑二尺。欲變爲長四尺闊二尺之長方積。亦照上例以員徑戊己二尺（卽長方之闊）乘負隅一二五得戊庚二尺五寸。以兩員徑共丑己四尺（卽長方之長）乘之。得十尺。其丑己乘戊己所得八尺爲虛積。丑己乘己庚所得二尺爲實積。將虛積八尺以七五約之得實積六尺。合之得實積八尺。而變二員爲長方矣。

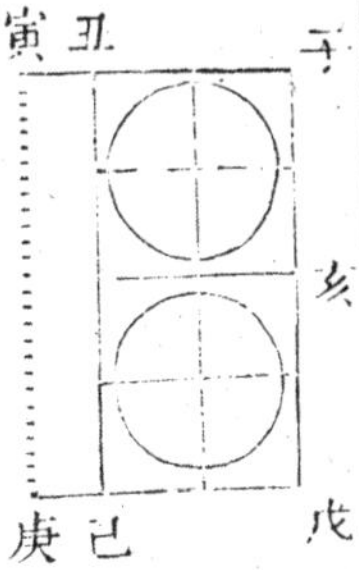

四

又試將兩平員皆徑二尺改爲八平員皆徑一尺欲變爲長八尺闊一尺之長方積亦照上例以員徑戊己一尺乘負隅一二五得戊庚一尺二寸五分與八員徑共辰己八尺相乘得積十尺其辰己乘戊己所得八尺爲虛積辰己乘己庚所得二尺爲實積將虛積八尺以七五約之得實積六尺合之共得實積八尺而變八員爲長方矣

移辰午爲酉戌移辰未爲申庚卽同上圖

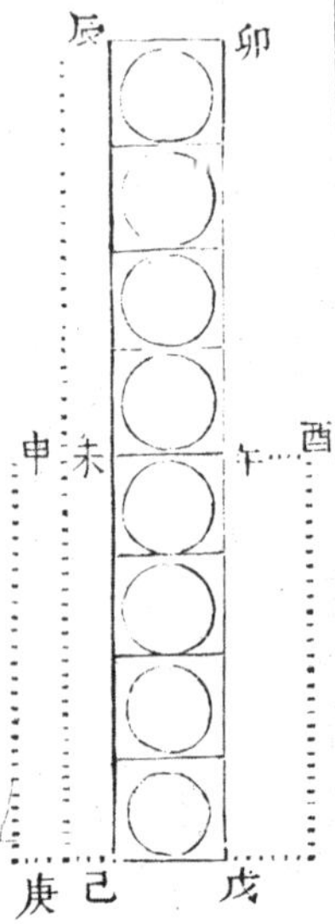

弧矢求積

㊀如平員徑二尺平剖之爲弧矢形卽半員。弧長二尺矢長一尺問弧矢積。曰一尺五寸。古法以半弦一尺加半矢五寸共一尺乘矢得積。辛己丑弧矢形戊己矢一尺辛戊半弦一尺○辛己丑弧矢形比辛己丑三角形多乙丁兩弧矢今以戊己矢乘辛戊半弦前法爲矢乘半弦半矢分之爲矢乘半弦。卽同三角求積法。以戊己中垂線乘辛戊半底線成辛己方一尺。

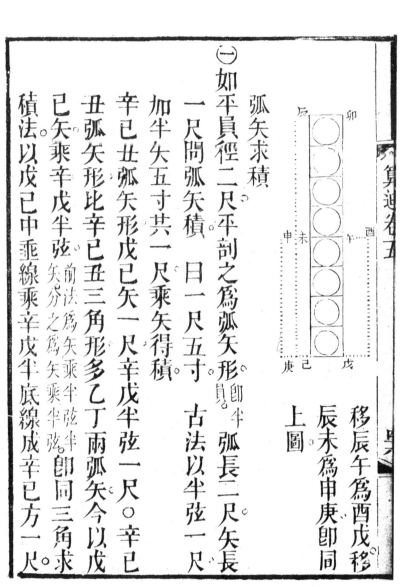

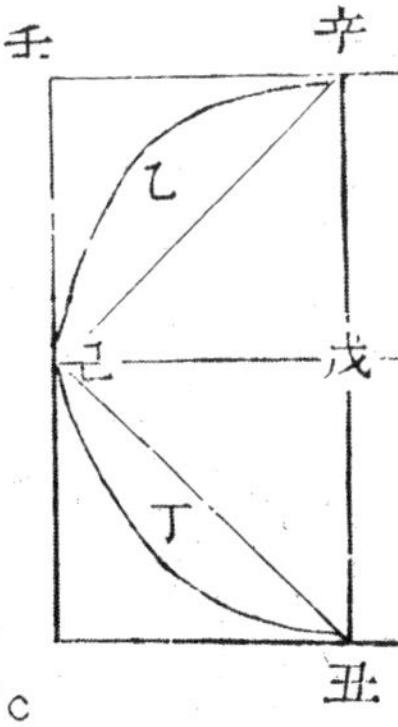

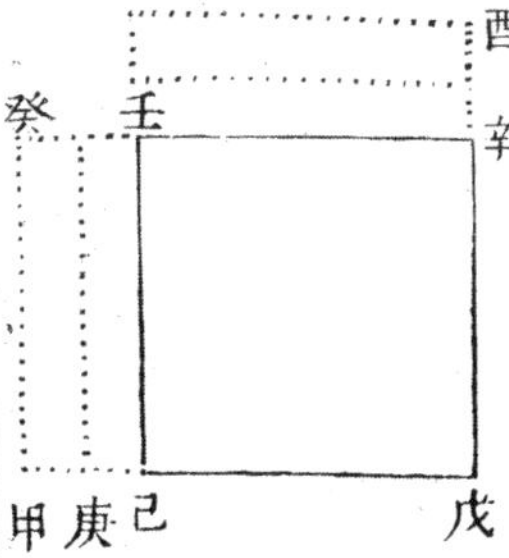

爲三角積。而少乙丁兩弧矢積。共五寸也。兩弧矢積少五寸。則一弧矢積少二寸五分。與負隅弟一條圖一方四隅負二寸五分同。當照彼法。以戊己矢一尺加己庚二寸五分。其戊庚一尺二寸五分。以壬己乘之。得積一尺二寸五分。其壬己乘戊己所得辛己一尺。爲三角積。不用。七五約。其壬己乘己庚所得壬庚二寸五分。爲補四隅積。即同補乙號弧矢積矣。尚有丁號弧矢。亦當照補。

故倍己庚爲己甲加戊己成戊甲乘壬己得二尺五寸而乙丁兩弧矢俱補足也夫戊己加己甲乘辛戊己（卽壬）猶之辛戊加酉辛乘戊己也（移壬申爲壬酉也）而辛戊半弦也酉辛半矢也故以半弦加半矢爲長耳

（一）如平員徑十尺弧矢形弦長八尺矢長二尺問弧矢積

曰十尺

法以半弦四尺加半矢一尺共五尺爲長與矢闊二尺相乘得積照上條論以戊己矢乘子戊半弦得子己長方積卽爲子己丑三角積而少乙丁二弧

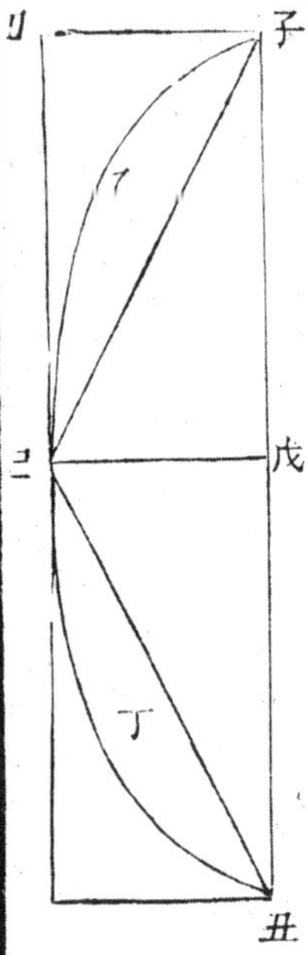

矢積。共二尺。與負隅第三條圖。二方一丑亥一亥已。八隅負

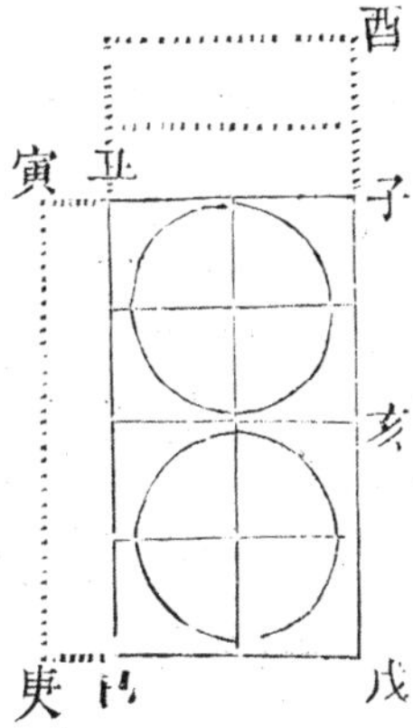

二尺。同當照彼法以戊已矢加已庚乘子戊半弦得子庚長方積十尺內子戊乘戊已所得子已八尺。爲三角積。不用七五約。丑已乘已庚所得丑庚二尺。爲補八隅積。卽爲補乙丁兩弧矢積。夫戊已加已庚。乘子戊。猶之子戊加酉子。乘戊已也。移丑庚爲酉丑也。而子戊半弦也。酉子半矢也。故以半弦加半矢爲長耳。

③又如平員徑十尺。弧矢弦六尺。矢一尺。問弧矢積。曰

三尺五寸　法以半弦三尺加半矢五寸爲長與矢闊一尺相乘得積

照上條論以戊己矢乘甲戊半弦成甲己長方爲甲己丑三角積而少乙丁兩弧矢積其五寸與負隅弟二條

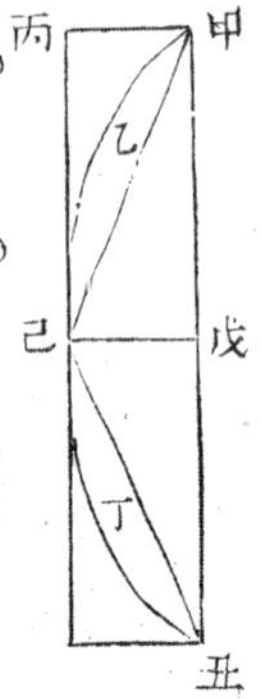

圖二方一乙辛一辛己八隅負五寸同當照彼法以戊己矢加己庚乘甲戊半弦三分之二壬戊得積二尺五寸而乙丁兩弧矢補足矣夫戊己加己庚乘壬戊猶之壬戊加戊酉乘戊己也移乙庚爲戊酉也而戊酉半矢也壬戊連原有之甲壬半弦也故以半弦加半矢爲長也

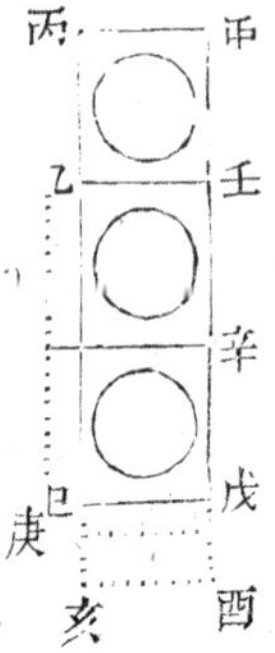

積與弦矢和求弦矢

○準上弧矢求積法論則有弧矢積又有弦矢和者但以弦矢和折半爲半弦半矢以除積即得矢以矢減弦矢和即得弦矣

積與員徑求弦矢

○上條有弧矢積又有弦矢和乃可求弦矢則有積而無弦矢和即不能求矣然無弦矢和而有員徑則亦可求法如右

○今有員徑十尺欲截一弧矢形積三尺五寸問截弦矢若干　曰矢一尺　弦六尺

法置積三尺五寸自乘得一十二尺二十寸五分成甲乙長

方形為實。照三乘方法以積乘積是三乘方也。故用三乘方法。以積三尺五寸為上廉初法甲己。又以徑十尺為下廉初法戊申。合計二初法共一十三尺五寸。約與實等。雖此比實多七寸五分。因非定法尚有下文所減。故約與實等。可商矢一尺甲丙。隨以商矢一尺乘上廉初法得三尺五寸。甲己為上廉定法。又以二二五為負隅與商矢一尺相乘得一尺二寸五分。於下廉初法十尺戊申內減去餘八尺七寸半戊壬。以商矢一尺乘之得八尺七寸半戊乙。再乘之如故為下廉定法。合二定法共一十二尺二寸五分為法。法實相等。則以法除實得矢一尺。

解曰前論有弦矢和者則以弦矢和折半爲半弦半矢以除積即得矢今不知半弦半矢相和之數故用積三尺五寸自乘得一十二尺二寸五分甲乙爲實是爲截積者三个半也而以商矢與截積相乘一次得三尺五寸爲上廉定法又以商矢與餘徑八尺七寸五分相乘二次得八尺七寸五分爲下廉定法而合二定法爲法是爲半弦半矢者亦三个半也丙上廉用截積得一个下廉用餘徑得二个半所以然者弦矢和七尺與徑十尺並立則相比於徑十尺丙

減去一尺二寸五分本條一法當一積截積與半弦矢皆三个半是一法當一積也應以一積三尺五寸除餘徑八尺七寸五分得二五乃二个半半弦半矢也合上下廉定法既得三个半半弦半矢以除三个半截積得矢一尺猶之以一个半弦半矢除一个截積得矢一尺耳其以商矢一尺與上廉初法相乘一次而與下廉初法減餘之徑相乘乃二次何也曰上廉乃截積原以矢乘半弦半矢所得今以矢乘之亦矢乘半弦半矢二次也故餘徑亦須以矢乘二次皆初乘以求闊再乘以求長也

一法倍積得七尺自乘得四十九尺爲實是將前實一十二尺

二寸五分而四之也。照三乘方法。四因截積三尺五寸。得十四尺爲上廉初法。是將前上廉初法三尺五寸。而四之也。又四因徑十尺。得四十尺爲下廉初法。是將前下廉初法十尺而四之也。商矢一尺。以乘上廉初法十四尺得十四尺。爲上廉定法。又以五爲負隅。是將前負隅一二五而四之也。以商一尺乘之得五尺與下廉初法四十尺相減餘三十五尺以商矢一尺自乘得一尺以乘減餘之三十五尺得三十五尺。即以矢一尺乘減餘三十五尺二次爲下廉定法合二定法共四十九尺爲法法除實得矢一尺。

㈡如平圓徑十尺弧矢積十尺問弦矢　曰矢二尺　弦八尺。

法以積十尺自乘得一百尺。成甲乙長方形。爲實是十個截積也。照三乘方法以積十尺爲上廉初法。甲巳又以徑十尺爲下廉初法。合計二初法共二十尺約可及實之半。法不及實則商矢必在一尺以上而定法必有所加故約可及實之一半也。可商矢二尺。甲丙隨以矢二尺乘上廉初法十尺得二十尺爲上廉定法。甲丁以一二五爲負隅乘商矢二尺得二尺五寸以減下廉初法十尺餘七尺五寸以商矢二尺自乘得四尺以乘減餘七尺五寸得三十尺。庚巳此卽以矢二尺乘減餘二次也。爲下廉定法。合二定法共得五十尺甲巳爲法。是五個半弦半矢也。內上廉定法得二個。甲丁下廉定法得三個。庚巳所以然者。弦矢相和十尺與徑十尺並立相比。㊂各以矢闊二尺乘之爲二十尺。與二十尺相比於徑二十尺內減去五尺。餘十五尺。徑二因十尺。得二十尺。減五尺。而餘十五尺。猶之徑十尺。減二尺五寸。以二因之。得十五尺也。本條一法當二積。截積十个半弦半矢五个。是二積而一法也。故以二因之得三十尺。一積十尺二積二十尺。一法當二積是法十尺。即爲二十尺。法十五尺即爲三十尺也。以積十尺除三十尺得三乃三个半弦半矢也合上下廉二法既得五个半弦半矢以除十个積得矢二尺猶之以一个半弦半矢。如辛巳。除二个積乙。如辛乙。得矢一尺耳。

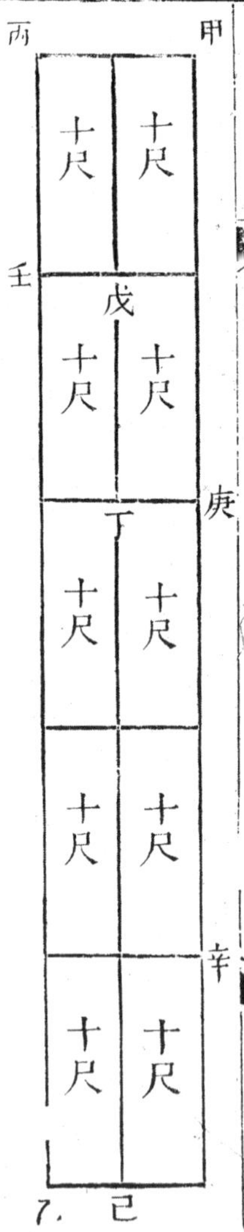

員徑弦矢求弧背

㊀如員徑十尺。戊癸己弧矢形。戊己弦六尺。癸庚矢一尺。問戊癸己弧背長若干。　曰六尺二寸。

古法以癸庚矢一尺。戊丁同。自乘得丙戊一尺。變爲壬丁長方。其長午丁。卽半徑五尺。其闊乙丁二寸。以半徑午丁五尺。卽甲癸。除之得乙丁二寸。以加丁辛弦。卽戊己。六尺。得弧背長六尺二寸。　解曰。戊癸己甲形求積。古法以戊癸半弧背三尺一寸。乘甲癸半徑五尺。得積一十五尺五寸。丙戊

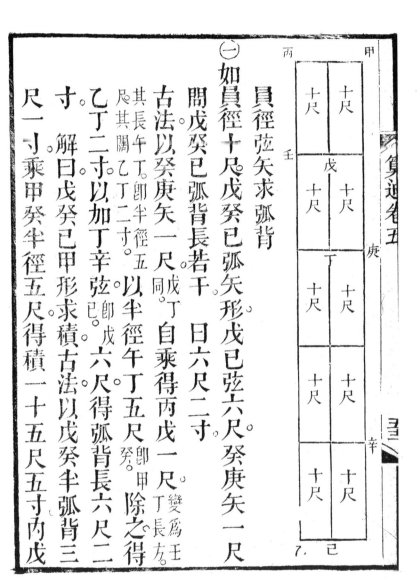

癸巳弧矢形積三尺五寸。爲丙庚長方戊甲巳三角形積十二尺爲午庚長方合之成壬癸長方（移丙戊爲壬丁也。）故以甲癸除之得乙癸加癸

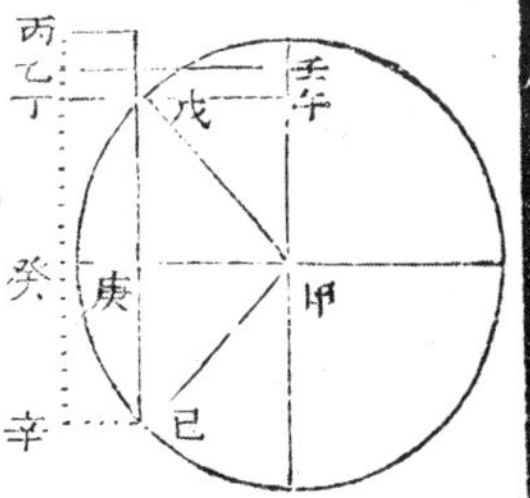

辛半弦得乙辛也。

員徑弧背求弦矢

(一)如員徑十尺弧背六尺二寸。問弦矢。　曰矢一尺　弦六尺

古法以半弧背三尺一寸自乘得九尺六寸一分爲半弧背羃。以徑十尺自乘得一百尺爲上廉。　以上廉一百尺。乘背羃（九尺六寸一分）得九百六十一尺爲實。　以

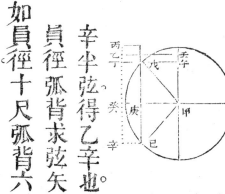

上廉一百尺乘徑十尺得一千尺爲益縱方計實少於益縱方三十九尺爲下圖明之　將此背羃扯長變爲長九尺六寸一分與徑十尺相比則少於徑三寸九分一

背羃　三尺一寸　三尺一寸　自乘得九尺六寸一分

羃少於一徑三寸九分則百羃少於百徑三十九尺矣故背羃與徑皆以上廉一百乘之而見實少於益縱方三十九尺也　甲癸長一百尺甲丑闊十尺乘得甲午長方積一千尺蓋縱方也

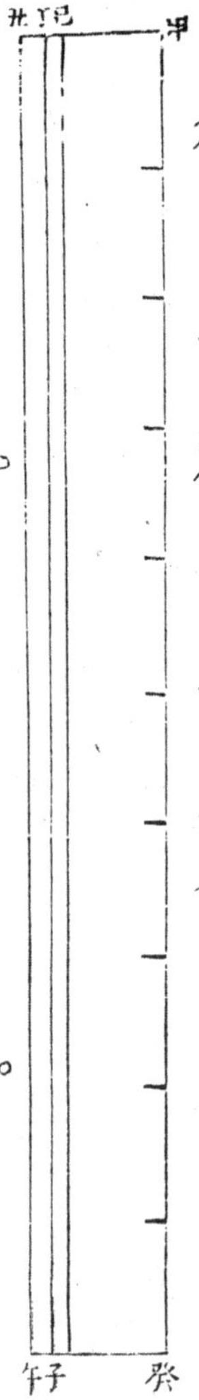

甲癸長一百尺甲丁闊九尺六寸一分乘得甲子長

方積九百六十一尺正實也二者相減餘丁午長方其長一百尺其闊丁丑三寸九分積三十九尺　於是初商巳丑一尺（弧冪既扯長爲九尺六寸一分則有長必有闊故商闊一尺即矢也）乘上廉一百尺即丑午得巳午一百尺（一个九尺六寸一分商一尺則一百个九尺六寸一分共商得一百尺也）於益縱方內減去餘巳癸長方九百尺爲縱方反少於實六十一尺矣則少巳子長方之故也（長一百尺闊巳丁六寸一分）又將巳子長方變爲長十尺闊六尺一寸之寅卯長方（一百尺乘六寸一分變爲十尺乘六尺一寸也）

寅辰長十丈徑也寅未闊六尺一寸積六十一尺以待補

於是以徑十尺乘全弧背六尺二寸。得積六十二尺。爲下廉。（除補縱方所少六十一尺外尚多一尺則寅未闊加多一寸之故也）而初商一尺。自乘得積一尺。與下廉六十二尺相減。（闊多一寸以徑十尺乘之得一百寸變爲正方故以初商一尺自乘減之）餘六十一尺。以初商一尺乘之。如故爲縱廉。併縱方九百尺。縱廉六十一尺。共九百六十一尺爲法。法與實等。以初商一尺乘法九百六十一尺。如故與實相減恰盡。（此如以法除實而除盡也）定法商爲一尺。

（二）如員徑十尺。弧背八尺八寸。問弦矢。　曰矢二尺。　弦八尺。

法以半弧背四尺四寸自乘。得十九尺三寸六分爲半弧背羃。以徑十尺自乘得一百尺。為上廉。上廉一百尺。為長。與背羃一十九尺三寸六分。扯直為闊。相乘。得一千九百三十六尺。為實。是一百个背羃。上廉二百尺乘徑十尺。得一千尺。為益縱方。是一百个徑。○一个徑比一个背羃少九尺三寸六分。則一百个徑比一百背羃少九百三十六尺。初商二尺。背羃既扯直為長。則有長必有闊。上條益縱方多於實。則法數必與實等。故商一尺。此條益縱方少於實。則法數必不能與實等。而所商必在一尺以上。故商二尺也。○商二尺。則法數當少於實一半也。乘上廉一百尺。得二百尺。一个背羃商二尺。則一百个背羃各商二尺。而得二百尺。以減益縱方一千尺。餘八百尺。為縱方。是縱方比實一千九百三十六尺。少一千一百三十六尺也。然以法當少實一半言之。則比半實九百六十八尺。為少一百六十八尺。則以長雖一百尺。而闊比十九尺三寸六分之半。九尺六寸八分。少一尺六寸八分也。何者。實長一百尺。闊十九尺三寸六分。則半實

粵雅堂校刊

乃長一百尺闊九尺六寸八分。縱方長一百尺闊八尺是比半實闊少一尺六寸八分也。將長一百尺闊一尺六寸八分。變爲長十尺闊十六尺八寸。其積爲一百六十八尺。以待補。以徑十尺乘全弧背八尺八寸得八十八尺爲下廉。是補一半而多四尺也。少一百六十八尺半之爲八十四尺其長十尺其闊八尺四寸。今補八十八尺其長十尺其闊八尺八寸。闊多四寸。故積多四尺也。以初商二尺自乘得四尺。所多四尺。即初商自乘數也。以減下廉餘八十四尺以初商二尺乘之得一百六十八尺爲縱廉。則補足所少一百六十八尺矣。此無異補兩个八十八尺減兩个四尺也。併縱方八百尺。縱廉一百六十八尺。共得九百六十八尺。爲法。法比實少一半。故以商二尺乘法九百六十八尺得一千九百三十六尺。與實相減恰盡。定爲初商二尺也。

㊂如員徑一十二尺五寸。弧背十一尺。問弧矢。　曰矢二
尺五寸。　弦十尺
法以半弧背五尺五寸自乘得數三十尺零二寸五分。為半弧
背冪　以徑一十二尺五寸。自乘得數一百五十六尺二寸五分。為上廉
以上廉為長丁丙。背冪扯直為闊如丁甲。相乘得數四千
七百二十六尺五寸六分二釐五毫。為實甲丙丙甲乙三千八百一十五尺二寸五分為初商實丁
乙九百一十一尺三寸一分二釐五毫為次商實○○是為背冪者一百五十六二五也。又以上
廉乘徑得數一千九百五十三尺一寸二分五釐。為益縱方。是為徑者一百五十
六二五也。初商二尺。益縱方比初商實三千八百一十五尺二寸五分少一半則初商當二尺
乘上廉得數三百一十二尺五寸。以減益縱方。餘數一千六百四十尺零
六寸二分半。為縱方。庚辛是縱方比初商實之半庚乙長方積一千九百零七尺○六寸二分

五釐。少壬乙積二百六十七尺也。則以長雖相等。而縱方之庚壬闊十尺零五寸。比庚乙長方之庚子闊十二尺一寸零八釐八毫。少子壬闊一尺七寸零八釐八毫也。而所少之乙壬長方長一百五十六尺二寸五分闊一尺七寸零八釐八毫。變為子丑長方長一十二尺五寸闊二十一尺三寸六分。積二百六十七尺。以待補。為圖明之。

甲乙初商實也。半之為庚乙。丁乙次商實也。半之為丁己。庚辛縱方也。壬乙縱方少於庚乙之積也。變壬乙為子丑方。以待補。

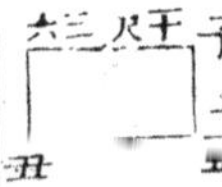

於是以徑十二尺五寸乘全弧背十一尺。得數。一百三十七尺五寸。為下廉。是補一半。而多四尺也。則以長十二

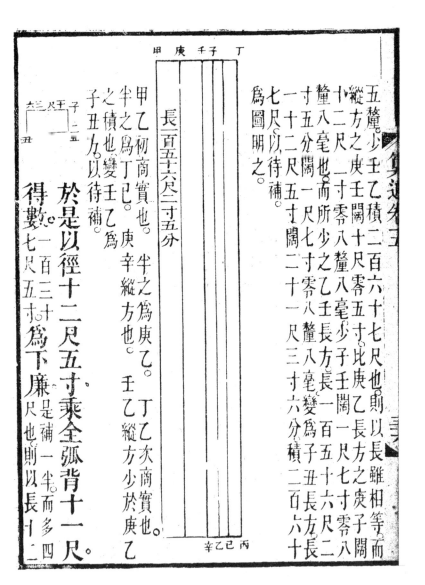

尺五寸雖相等，而闊差三寸二分也。以長十二尺五寸乘三寸二分，正得四寸。以初商二尺自乘得四尺。多補四尺變爲正方。即初商自乘數也。與下廉相減餘數一百三十三尺五寸。以初商二尺乘之得二百六十七尺爲縱廉。則所少補是矣。合縱方。一千六百四十尺零六寸二分五釐。縱廉二百六十七尺。共一千九百零七尺六寸二分五釐爲法。以初商二尺乘之得數。三千八百一十五尺二寸五分。於實內減之。餘九百一十一尺三寸一分二釐五毫爲次商實甲丁闊三十尺零二五背冪也。丁子闊五尺八寸三二四。背冪之減餘也。是爲減餘背冪者一百五十六二五。仍以上廉乘徑爲益縱方。是爲徑者一百五十六二五也。計益縱方。多於實一千零四十一尺八一二五。次商五寸。以益縱方多實一半也。何則。法實等者。商一尺。實倍法者。商二尺。則反而言之。法倍實者。當商五寸矣。蓋法少則商多。法多則商少也。倍初商二尺爲四尺。加次商五寸共四尺五寸。乘上廉得數。七百零三尺一二五。與益縱方。一千九百五三一二五。相減。前既減初商二尺。變益縱方爲縱方矣今仍用益縱方原數。是仍收回也。當仍減之。此只算初商所減。次商亦當減故倍之。又當減次商五寸也。餘一千二百五十尺。爲縱方。以法當倍實計之則多一千二百五十尺。反爲少五百七十二尺。六二五。以倍初商得四尺合次商五寸。共四尺五寸。作一四分半除之。每分得一百二十七尺二寸五分。其長一百五十六尺二五。其闊八寸一分四釐四毫變爲長十二尺五寸。闊子十尺零一寸八分之子丑方。以待補口丑仍以徑乘倍弧背爲下廉。積一百三十七寸五分。以補一分。一百二十七尺二五。而多十尺零二五。則下廉闊多八寸二二分之故也。以八寸二二分乘一尺二二五。正得十尺零二二五分。作兩个平方。則一爲初商二尺自乘數。一爲初次合商共二尺五寸自乘數也。以初商二自乘得四尺。又合初次商共二尺五寸。自乘得六尺二寸半。併得十尺零二五。以減下廉餘一百二十七尺二五以四尺五寸。卽倍初商加次商數乘之。得五百七十二尺六二二五。爲縱廉。而所少之數補足矣。減法倣益縱方論之。合縱方縱廉。其一千八百二十二尺六二二五爲法。以次商五寸一尺之半也。乘之得九百一十一尺三二二五。減實恰盡。

幾何原本摘要

卷一第二十二兩節。

甲乙丙丁二平行線上作一庚辛斜線。其相對之角必相等。如子丑兩銳角相對必相等。寅卯同。辰巳兩鈍角相對必相等是也。午未同。又內外角亦必相等。如子爲外角在二平行線外。寅爲內角在二平行線內。必相等。

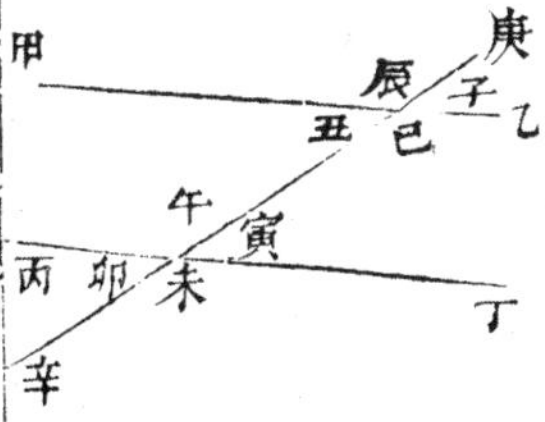

是也。同。午辰。又交錯角亦相等。如寅與丑。二角相錯。必相等是也。

弟三卷弟六節

平行線所作方形。於甲乙對角線上。正中庚點。作戊己直線。截分兩形。必相等。以甲庚等庚乙。戊庚等庚己。甲戊等己乙。丁己等丙戊也。

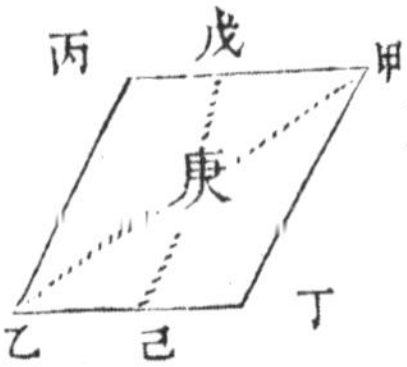

弟十五節

欲知衆邊形各邊角之度。如六邊形。則將六邊倍作十二邊。即為十二直角。蓋六邊形。分為六个三角形。每形合三角之度。與二直角等。六二得一十二直角也。內滅中心四直角。全員以十字分為四。分得四直角。縱分為無數分。其無數心角合之亦與四直角等。然則今分六个心角亦只如四直角也。餘八直角爲邊角，每一直角九十度，計共七百二十度。各邊形倣此。

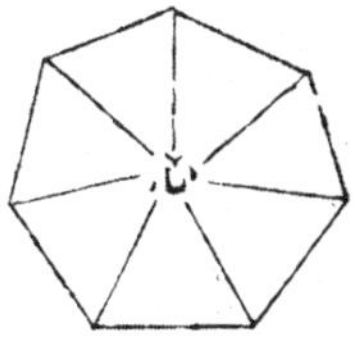

第四卷第十二節

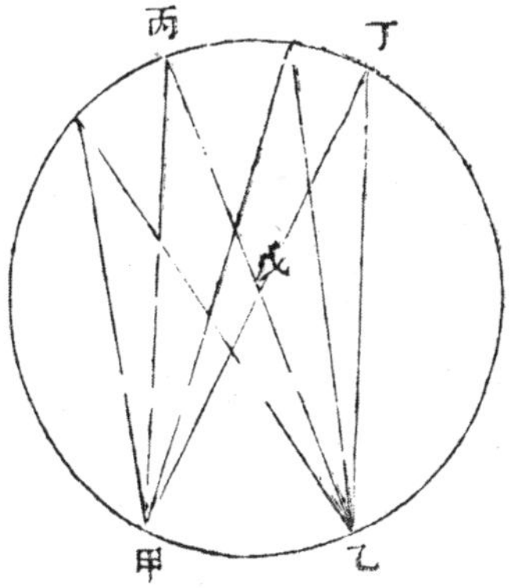

員內任作甲丙乙、乙丁甲二界角，其度必俱等。試自員心戊至甲乙作二輻線，即成甲戊乙一心角。其所對之甲乙弧，爲二界角所同用，則心角度必倍於界角。然則二界角同爲心角之半，必相等也。

第二十三節

粵雅堂校刊

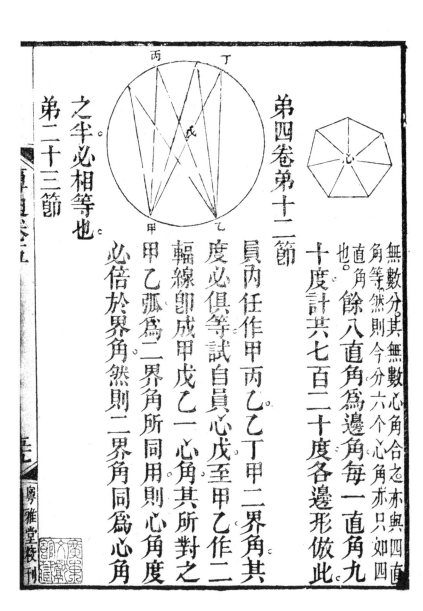

凡員周與方周等者。如俱四尺員積必大於方積。方積一尺。員
半徑六寸三分六釐零九乘周四尺
得數折半得積一尺二寸七分。何者。員形半徑與
句股形之句等。周與句股形之股等者其積相等。半徑
六寸三分五釐如句周四尺如股相
乘得長方積折半則爲句股積也。而方形之半徑。
小於員形之半徑止五寸耳不及句股形之句股雖同。而
句不及故積少也五寸乘四尺得二尺折半得一尺耳
第六卷第三第五第八九十十一十二十三十四十
五十六節

四率法一率與二率之比同於三率與四率之比名
同理比例又名相當比例　若一率與二率之比同
於二率與三率之比則名相連比例　若以二率比

一率四率比三率則名反推比例若以一率比三率二率比四率則名遞轉比例若取一率與二率之較如一率爲四二率爲十二相減餘八爲較爲一率與二率相比是改一率之四爲八也計加倍取三率與四率之較如三率二十四率六十相減餘四十爲較爲三率與四率相比是改三率之二十爲四十也亦加倍則名分數比例若將一率併合二率爲首率如首率二二率四併得六也與二率相比是改首率之二爲六也計三倍將三率併合四率爲三率如三率三四率六併得九也與四率相比是改三率三爲九也亦計三倍則名合數比例若將一率與二率相減用其餘爲二率與首率相比如一率一二率三相減餘二是變二率三爲二也將三率與四率相減用其餘爲四率與三率相比加三率四四率十二相減餘八是變

四率十二爲八也。則名更數比例。若有甲乙兩相連比例四率甲爲首一次二三四四八乙爲首二次四三八四十六其甲一二之比同於乙一二之比甲二三之比同於乙二三之比甲三四之比同於乙三四之比而將甲一與四之比一比八也。亦同於乙一與四相比二比十六也。即同一比八。則名隔位比例。若有甲乙兩相連比例三率甲爲首二中四末八乙爲首四中八末十六將甲中四與末八相比復另取二數加於乙首率之上與乙中八相比是改乙首率爲中率。中率爲末率。而另取二爲首率也。則名錯綜比例。若將首率二加三倍爲六次率四加三倍爲十二其六與十二之比仍同於二與四之比則名

加分比例　若將首率六三分取一變爲二將次率十二亦三分取一變爲四其二與四之比仍同於六與十二之比則名減分比例也

第七卷第五節第八卷第五節

如甲方闊一尺長二尺乙方闊二尺長四尺其闊與闊之比同於長與長之比皆爲一比二則兩面積之比例視邊一比二例爲隔一位相加之比例蓋首率爲一次率爲二則三率爲四四率爲八此相連比例也今闊相比爲首甲一次乙二則積相比當爲三甲二四乙四矣乃乙之積實八尺是越四而至八也故曰隔一位則欲求其同須將乙闊二倍作四爲次率

乃得故曰相加也正方斜方句股鋭鈍三角並同

如有大小二鈍三角形同式則以小底丁戊爲一率大底甲乙加一倍爲二率以小形面積爲三率求得

大形面積蓋鈍三角乃斜方之半也

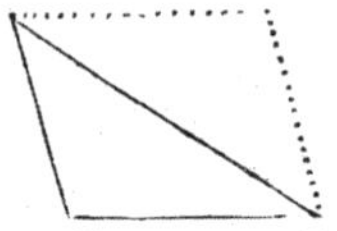

第九卷第五節

句股形弦所作方積與句股各作之方共積等則弦所作方之半或幾分之幾亦必與句股各作之方之半或幾分之幾共積等弦所作之員或大小半員亦必與句股各作之員或大小半員共積等矣

第六節

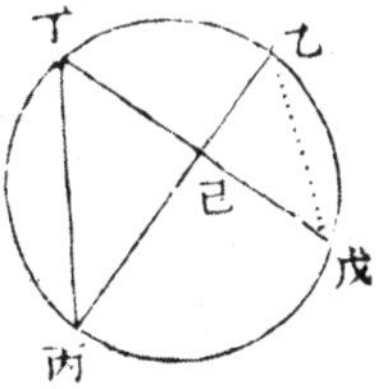

圓內乙丙丁戊二弦線相交於已則戊已與已丙之比卽同於乙已與已丁之比何則乙已戊小三角形與丁已丙大三角形二已角爲對角則其度必等又小形之乙角與大形之丁角同對戊丙弧則兩角之度又必等三角既等其二則餘一角亦必等是大小二者爲同式形也故其邊之比例同耳

第八節

自丙戊作線會於甲則甲丙與甲戊之比必同於甲丁與甲乙之比何者甲丙丁三角形與甲戊乙三角

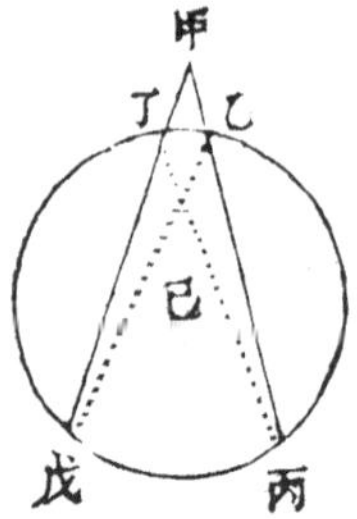

形同用一甲角其度固同又丙角與戊角均對乙丁弧則其度又同而餘一角亦必同是三角同式也故此大邊比彼大邊同於此小邊比彼小邊也

第九節

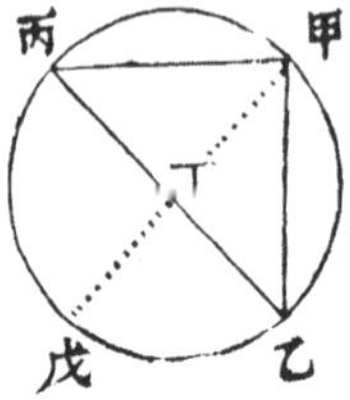

甲乙丙三角形將甲角平分作甲戊線則甲乙與甲丁之比同於甲戊與甲丙之比何者甲戊乙三角形之戊角與甲丙丁三角形之丙角同對甲乙弧則度等而二形之甲角既為平分則其度又等

而乙丁二角亦必等。是甲戊乙形。與甲丙丁形。爲同式。故此小邊甲乙之比彼小邊甲丁。同於此大邊甲戊之比彼大邊甲丙也。

第十節

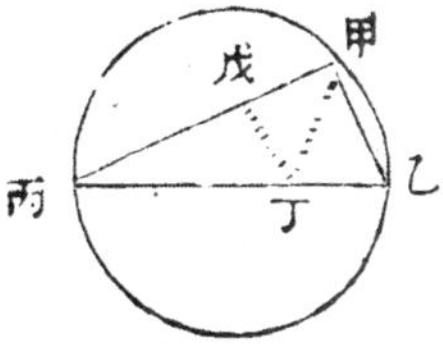

甲乙丙三角形。將甲角平分。作甲丁線。則乙丁與丁丙之比。同於甲乙與甲丙之比。何者試作丁戊線與甲乙平行。卽成戊丁丙小三角形。與甲乙丙大三角形同式。是戊丁比戊丙。若甲乙比甲丙也。而戊丁與甲戊同。詳下是甲戊比戊丙。若甲乙比甲丙也。而甲戊比戊丙。又若乙丁比丁丙。甲戊比戊丙旣

若甲乙比甲丙。則乙丁比丁丙。獨不若甲乙比甲丙平問戊丁何以與甲戊同曰甲丁戊形之丁角與甲角等故丁角所對之甲戊邊與甲角所對之丁戊邊等也而一角之相等奈何曰甲丁戊形之丁角與丁甲乙形之甲角爲甲乙戊丁二平行線內之錯角則其度等而丁甲乙之甲角與甲丁戊之甲角爲平分故又等也

第十卷第十二節至末

楕員體甲丙大徑與球體全徑同者其體積之比卽同於楕員大小徑所作長方體長員體與球徑所作正方體長員體之比亦同於楕員小徑乙丁所作正

方體。長員體。與球徑所作正方體長員體之比。又體與體比若面與面比。則橢員與球體積之比亦同於橢員小徑乙丁所作正方面與球徑所作正方面之比也。又全比全若半比半。幾分比幾分。則任截橢員體壬丙午一小段。與球體子丙丑一小段。其比例固與全等矣。

第十一卷第一節

作等邊三角形法。如有甲乙一邊長三寸。則以此三寸為半徑度。用甲為心。運一規。又用乙為心。運一規。從二

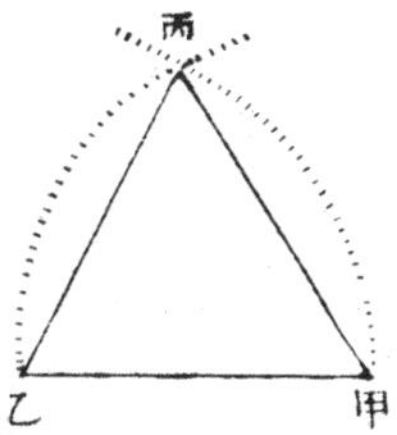

規相交丙處作甲丙丙乙二線則相等矣

第二節

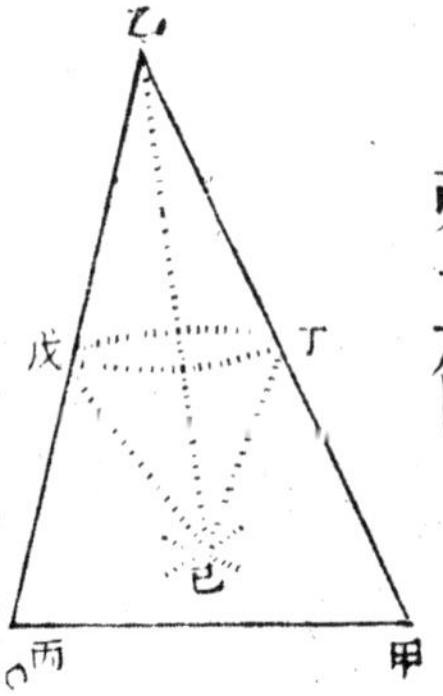

分角法如欲分乙角爲二則以乙爲心任以丁爲度運規作丁戊弧則乙丁乙戊二線度等又照前節法作丁戊己等邊三角則己角與乙角正對乃作乙己線則平分乙角爲二矣

第三節

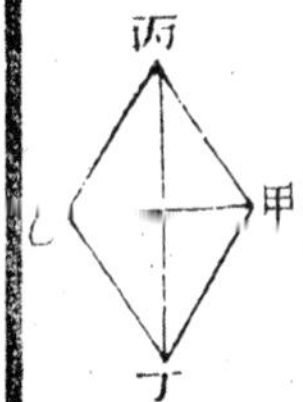

平分一線爲二法　如平分甲乙線照第一節作甲乙丙及甲乙丁兩等邊三角乃從丙至丁作直線即分甲乙爲二矣

弟四五節

橫線中立直線法。　如欲於橫線中丙處立直線。任於橫線丙之兩旁取相等之度。如戊如己。依弟一節法作戊己丁等邊三角形。而從丁垂線至丙為直立線也。　若欲於距橫線之丁處垂直線。則以丁為心。己為度。運規作己戊弧。則丁戊丁己必等。又依弟二節分角法。從丁作線至丙是也。

弟六節

橫線端立直線法。　如欲於橫線端乙處立一直線。則於橫線上任以丙為員心。乙為員界。運一規則截

粵雅堂校刊

橫線於丁卽作一丁丙戊直線乃自戊作戊乙直線是也蓋乙丁戊三角在徑線內則乙角必爲直角矣　若欲從戊作垂線至乙則任意作一戊丁斜線而平分於丙以丙爲心丁爲界運規則恰切橫線乙端

作戊乙直線矣

第九節

照已有之形作同式形法　如倣甲乙丙大三角欲作同式之丁戊已小三角形則考大句甲乙有幾分如有三分今取二分爲小句丁戊又以大弦丙甲亦作三分取二分爲小弦已丁則以小句丁爲心大弦

二分爲度運一規又以大股丙乙亦作三分而取其二分爲小股已戊則以小句戊爲心大股二分爲度運一規二規相交於已乃作已丁已戊兩線成丁戊已同式小形矣　若有一大六邊形欲作一同式小六邊形可分爲四三角照前法倣作四小三角形則合成一同式小六邊形矣

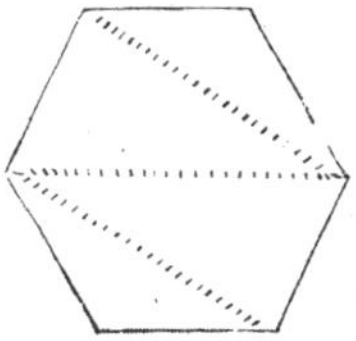

第十節

作平行線法

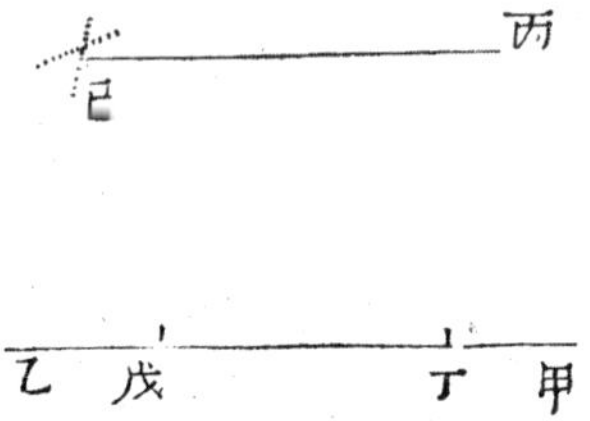

如欲於甲乙横線上丙點處作與甲乙平行之線則任取丁戊兩處記點以戊為心照丙丁度運一規又以丙為心照丁戊度運一規則二規相交於已乃作丙已線即與甲乙平行。

第十一節

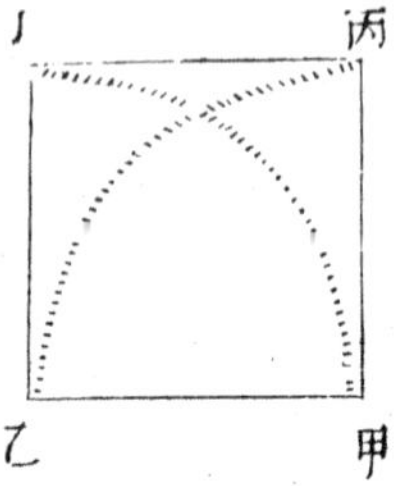

作正方形法。　於甲乙線上照上第六節法立二直線以甲乙度作左右規截二直線於丙於丁作丙丁線即

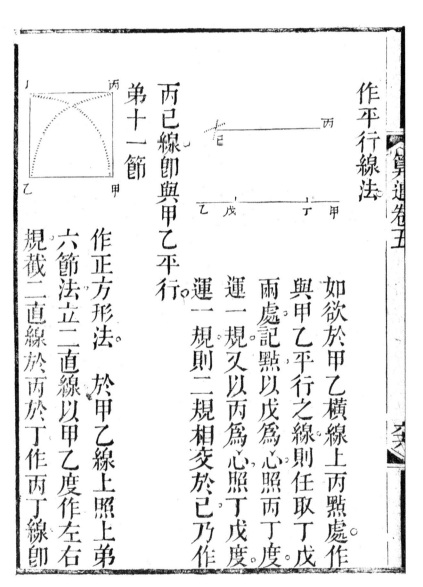

戊。

弟十三十四十五十八節

引弧成全員法　如有甲乙弧欲作全員則任於丙處記點作甲丙丙乙二線照弟三節平分一線爲二法作丁己己戊二線交於己乃以己爲心或甲或乙爲度運規卽成全員。　三點串員法倣此。　員求中心法倣此任取甲丙乙三點法照取己也。　甲乙丙三角求所切之員。倣此。

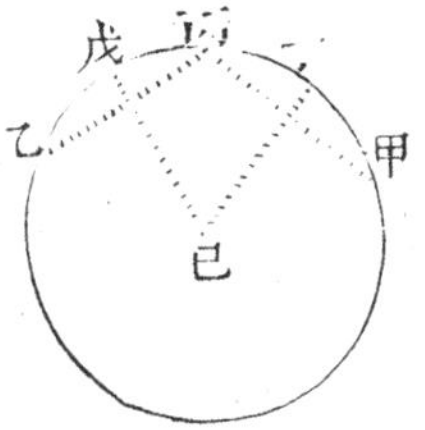

弟十六節

員外有點依點作切線法。　依甲點至員心乙作甲

乙線以乙爲心甲爲界運一規又於丁處作丁己垂線截運規於丙作丙乙線又於戊處作甲戊垂線

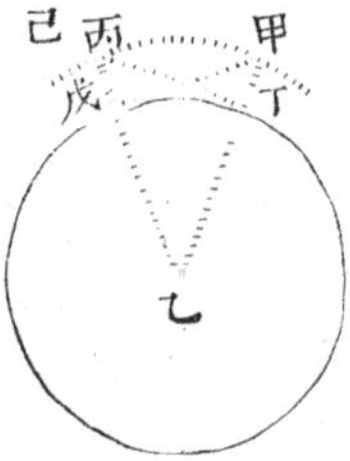

卽甲點所作切線也何則乙丁乙戊同爲原員之半徑乙甲乙丙同爲運規之半徑則丁丙爲甲乙之垂線戊甲獨不爲丙乙之垂線乎故甲戊爲原員之切線也

第二十一節

員內作各邊形總法　如於甲員內欲作九邊形則是九个三角也九个三角內九个心角照三卷弟十五節論九心角合得四直角以九个心角分之得每

个四十度。復以一有度之員，取四十度之分，以分甲員界，卽平分爲九分矣。

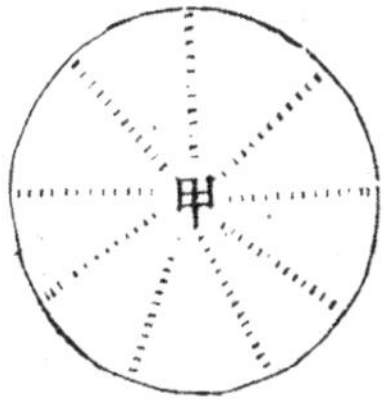

第二十二節

作容員諸形法。　如欲作容員之三角形，則將員三百六十度分爲三分，甲、乙、丙，每分一百二十度，乃自各分界至員心辛作線，透出員外，於各線界，如丙等，作垂線，如戊己等，卽成三角形矣。　四角則分四分，五角則分五分，倣此爲之。

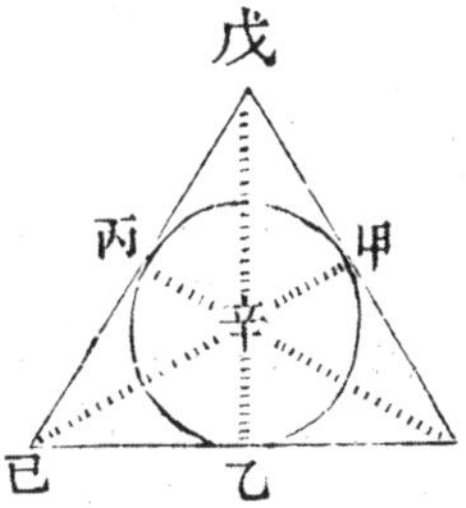

第二十三節

作容各形之員法　如作容五邊形之員則任將甲乙邊甲丁邊平分於庚辛二處各作垂線至對角則二線交於已以已爲心角爲界作員他形倣此

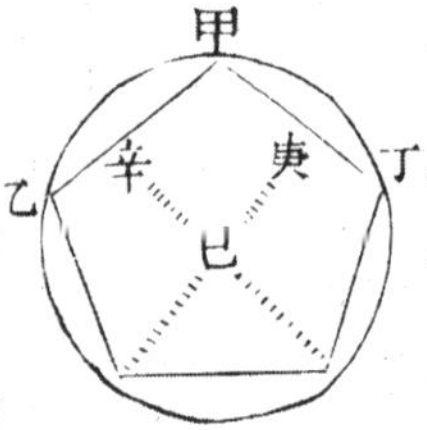

第二十四節

作諸形所容之員法　如三角形則任從甲乙乙丙二邊中間庚點辛點各作垂線至角則二線交於已以已爲心庚爲界作員他形倣此

第二十五節　作員內三角與舊有之三角同式法

如舊有甲乙丙三角形任於員內照甲角度作辛

角成辛庚戊三角形又照乙角度於員內作戊角成丁戊庚形則此丁戊庚三角形卽與舊甲乙丙形同式何者辛角與丁角同對戊庚弧則二角度同辛既

照甲則丁亦卽甲矣

而戊又照乙則庚亦

必等丙可知矣

第二十六節

作員外三角形與舊有之三角同式法　如舊有甲乙丙三角形任將乙丙底線引長至辛壬二處則成甲乙辛及甲丙壬二外角乃於員心作與甲乙辛同式之戊丁庚角又作與甲丙壬同式之己丁庚角則成

丁戊丁己丁庚三輻線於各線末作三垂線相遇成癸子丑三角形卽與原甲乙丙形同式何則原形之內外二角併得兩直角度而凡三角形併三角度與二直角等今戊丁庚子四邊形可分爲兩三角則此形四角度相併必等四直角內減去戊庚兩直角戊丁丁庚俱垂線故知爲直角則餘子丁二角亦必併得兩直角度丁角旣同乙外角依之而作則必同也則子角亦必與乙內角等以右側左丑角亦必與丙角等而癸角與甲角亦無不等矣

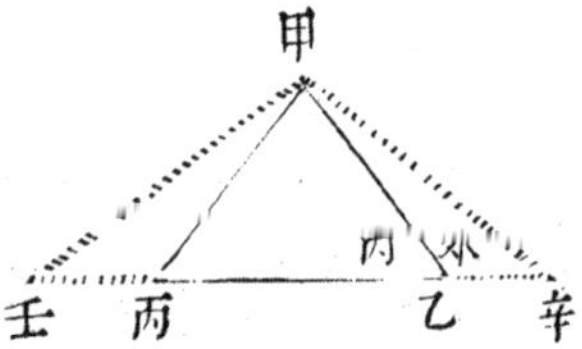

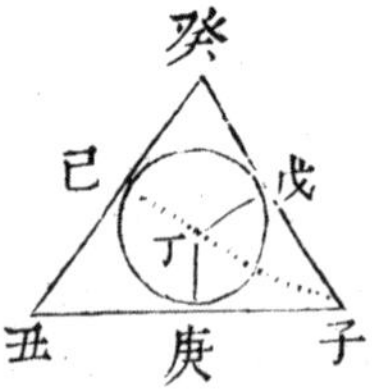

第二十七節

三角形內作圓法。　借上圖。照第二節分角法。作子丁等三線。會於丁心。而自心作丁己等三垂線至三角形邊。乃以丁爲心。形邊爲界。運規作圓。

第二十八節

句股形內作正方形法。　以乙丙句度。運規平分丁乙弧於戊。作戊丙線而截弦於己。作己庚線與股平行。又作己辛線與句平行卽得。　又法載三角輯要三角

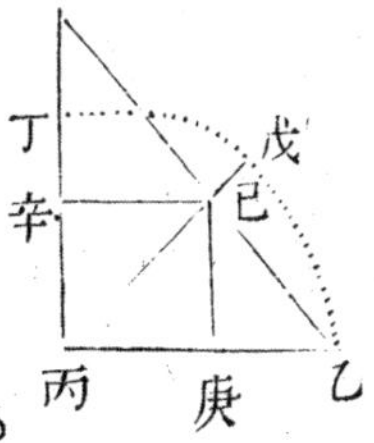

容圓第一術。

第三十節

三角形作正方形法。載三角輯要容員弟二術弟二支。

弟三十一節

有方邊與對角線之較。甲乙作原方法。將較甲乙作甲丙小正方以丙乙度運一小規作甲戊線卽原方邊也依甲戊度作戊庚方卽原方蓋甲己對角線也甲乙方邊與對角線之較也則乙己乃方邊矣何者戊丙丙乙並小規半徑則其度等兩角又皆直角則乙己必等戊己可知矣。

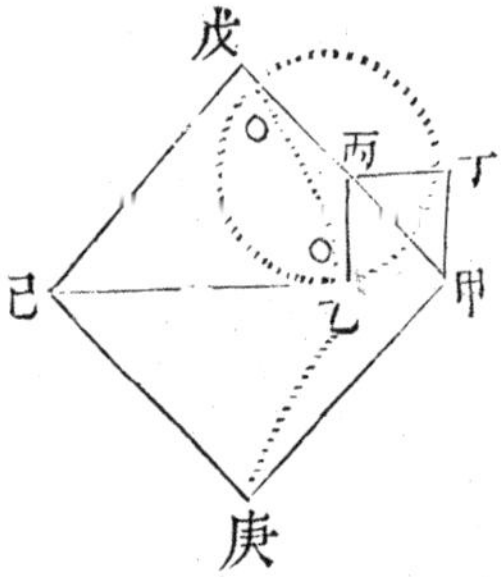

第十二卷第一第二節

有底線甲乙作相等兩邊線丙甲丙乙使底兩角俱倍大於上角法　法於底線兩端各作七十二度角將兩邊線引長交於丙則丙角爲三十六度若有一邊線丙甲作前項三角則再作一邊線丙乙相合於丙作三十六度角再作甲乙線則二角必俱七十二度

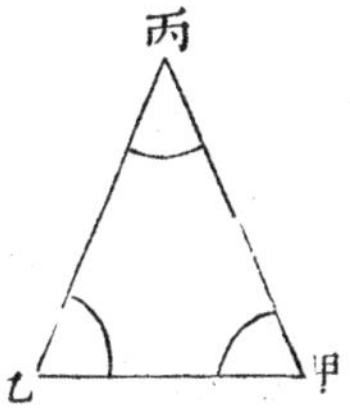

第三節

有一邊甲乙作等邊五角形法　照上節先作甲乙丙形五邊形即五角形以全圓三百六十度分爲五分則每角七十二度故照上節法又照十一卷十五節法作一圓將左右兩弧平分於戊於丁

而作丙戊等四線。卽成等邊五角形。

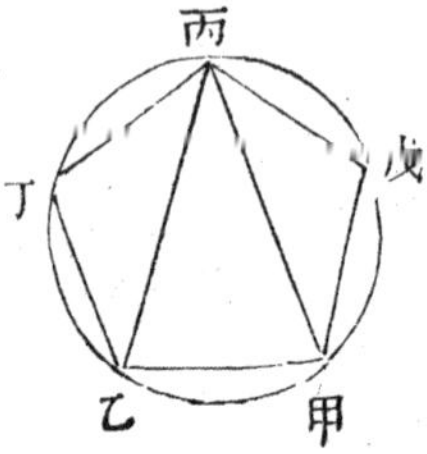

弟四節

一線分大小兩分。爲相連比例法。　如甲乙線爲全分。分甲丙爲大分。丙乙爲小分。使全分與大分之比。同於大分與小分之比。則照弟一節後法。先作甲乙丁形。（乙丁二底角大於甲角一倍。）再照上節作五邊形。乃作戊丁線截甲乙線於丙。便是。盖甲乙之比乙戊。若乙戊之比戊丙。以甲乙戊形與乙戊丙形同式（甲乙戊爲全形。丙分甲丙

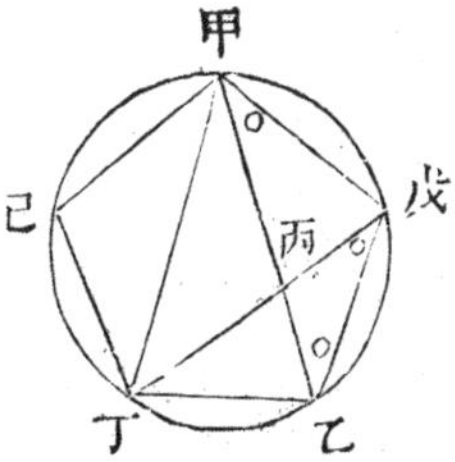

戊爲大形。丙戊乙爲小形。全形與小形。既同一乙角矣。又全形之甲角。對戊乙弧。小形之戊角。對乙丁弧。二弧皆七十二度。則二角又等。三角已等其二。則餘一角亦必等。故爲同式。式同則邊可相比矣。而乙戊與甲戊同。皆七十二度通弦也。即與甲丙同。此以甲丙戊大形考之。大形丙角。爲小形丙角之外角。則兼有小形戊乙兩角之度。是大於甲角一倍也。大形戊角所對甲丁弧。爲兩个七十二度。比甲角所對戊乙弧。亦爲大一倍。則大形丙戊二角等矣。角等故所對之邊亦等也。故爲甲乙比甲丙。若甲丙比丙乙也。丙乙同丙戊。

第五節

分一線甲乙爲三段法。　加欲分甲乙線爲三段。則照式作二平行線。任以甲戊爲度。照分上線爲甲戊庚丙三段。亦分下線爲丁己辛乙三段。而作甲丁等三線。即平分甲乙線爲三段矣。

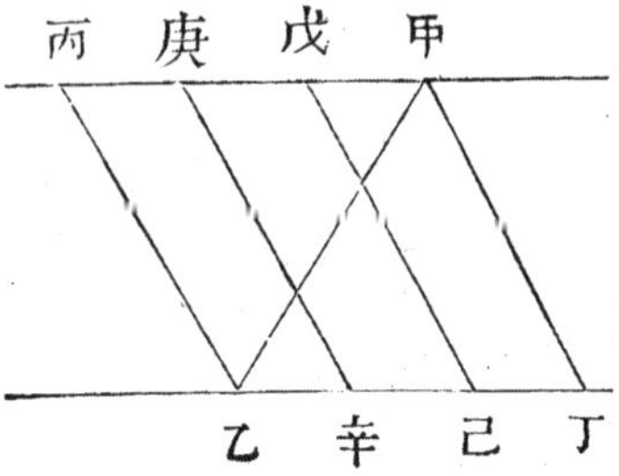

第六節

比照分段法　如有已分段之甲乙線。欲照此分丙丁線。則將二線平行置之。如圖作三角形。從戊角作線至已至辛。即分丙丁線如甲乙矣。

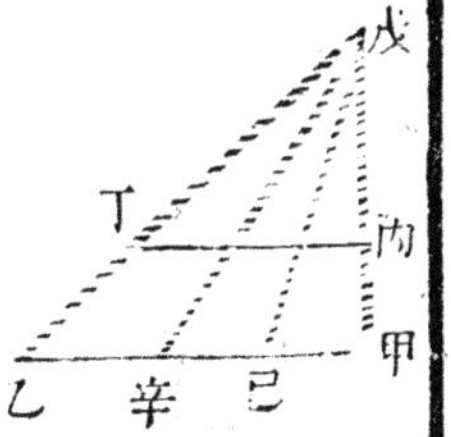

弟七節

有二線作相連比例弟三線法○　如甲乙爲首率線○甲丙爲中率線○如圖作甲乙丙小三角形○再依甲丙度作乙戊○以益甲乙○又作戊巳線○與乙丙平行○成巳甲戊大三角形○則甲乙之比乙戊○若甲丙之比丙巳○丙巳卽弟三線也○

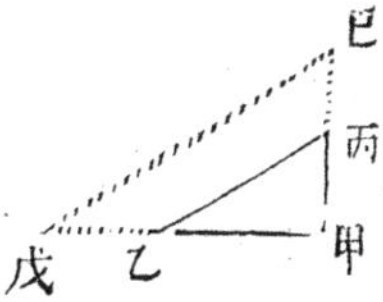

弟八節

有三線○作相當比例之弟四線○　如有甲乙○甲丙○乙

丁。三線。如圖。將甲丙線照甲乙度紀於乙。以甲爲心乙爲界。運一弧。又取乙丁度截弧於丁。作丁乙線。甲丁線。而引甲丁線至戊。與甲丙等。則甲乙線之比甲丙線。若丁乙線之比戊丙。第四線也。

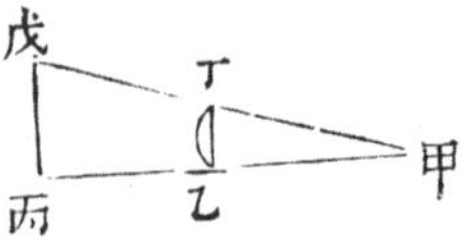

第十二節

長方形作等積正方形法。 以長甲乙闊乙丙和甲丙爲徑。作半員。引乙丙至員界丁。得丁乙。作丁戊正方形。

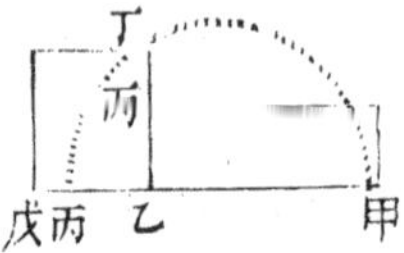

第十七節

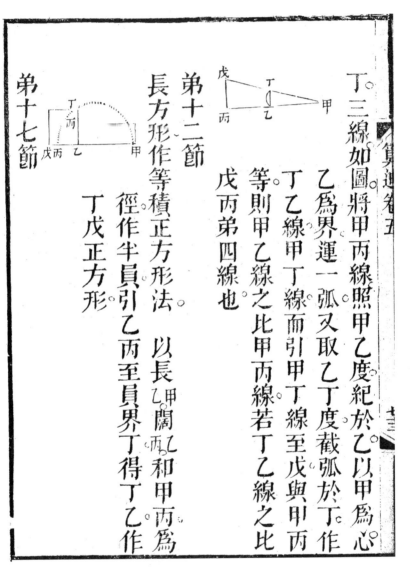

畫地圖法。 如欲畫甲乙丙丁地形。則擇能見此地形之二處。如戊如已立儀器。先自戊以遊表視庚辛壬癸等處。得諸角度記之。如庚戊已角得八十一度。辛戊已角得五十度三十分。壬戊已角得四十五度八分。癸戊已角得三十三度二十分。再自已以遊表視前諸處得諸角度。亦記之。如庚已戊角得三十五度四十分。辛已戊角得四十度十分。壬已戊角得四十七度

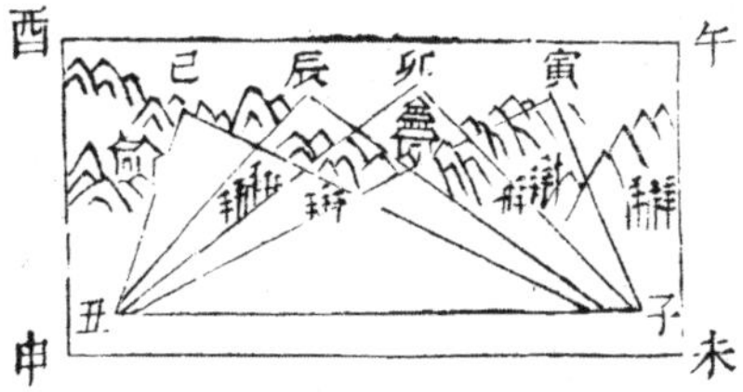

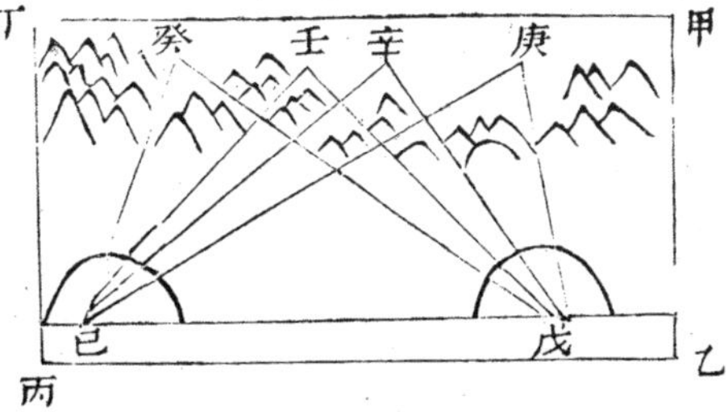

二十五分。癸己戊角得七十度。於是作一子丑線。爲戊己相當線。於子丑線兩端。照作諸角線。乃以庚辛壬癸所有之地形俱畫於圖之相當各界。即成一午未申酉之圖矣。

弟十八節

約大圖爲小圖法。　如欲約甲丙大圖爲四分之一。則照大圖各邊四分之一。畫戊庚圖。於大圖任分爲數正方形。小圖亦照數分之。視大圖所有山川城郭村墅凾於大圖之某正方分者。約而畫入小圖某正方分內。即是。

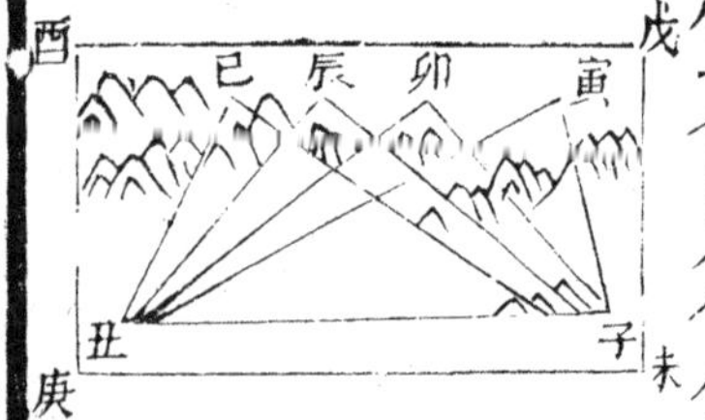

算迪卷五

譚瑩玉生覆校